智能社会与科技应用 · 系列图书

之江实验室智能社会治理实验室

开放科学

人工智能时代的呼唤

之江实验室 编

中国科学技术出版社
·北京·

图书在版编目（CIP）数据

开放科学：人工智能时代的呼唤 / 之江实验室编 . --北京：中国科学技术出版社，2024.12. -- ISBN 978-7-5236-0824-1

Ⅰ . G3

中国国家版本馆 CIP 数据核字第 2024NW8834 号

策划编辑	杜凡如　于楚辰
责任编辑	杜凡如
封面设计	潜龙大有
版式设计	蚂蚁设计
责任校对	吕传新
责任印制	李晓霖

出　　版	中国科学技术出版社
发　　行	中国科学技术出版社有限公司
地　　址	北京市海淀区中关村南大街 16 号
邮　　编	100081
发行电话	010-62173865
传　　真	010-62173081
网　　址	http://www.cspbooks.com.cn

开　　本	710mm×1000mm　1/16
字　　数	200 千字
印　　张	17
版　　次	2024 年 12 月第 1 版
印　　次	2024 年 12 月第 1 次印刷
印　　刷	北京盛通印刷股份有限公司
书　　号	ISBN 978-7-5236-0824-1/G・1070
定　　价	99.00 元

（凡购买本社图书，如有缺页、倒页、脱页者，本社销售中心负责调换）

编委会

主　　编：覃缘琪
副 主 编：董　波　裴冠雄　葛　俊　袁　帆
编 写 组：王云云　高金莎　林　苗　方　丹
　　　　　李海英（中科院文献情报中心）
　　　　　段宏英　王　立　刘　通　吕明杰
　　　　　李　倩

序言

INTRODUCTION

随着人工智能与大数据等技术的蓬勃发展，开放科学这一理念逐渐深入人心，成为全球科研创新的关键推动力。开放科学不仅代表了科技与知识共享的新范式，也成为全球合作应对复杂挑战的重要手段。尤其是在联合国提出的可持续发展目标（SDGs）框架下，开放科学扮演着不可或缺的角色，为全球实现可持续发展注入了强大的动力。

联合国的可持续发展目标涉及消除贫困、应对气候变化、保障公共健康等多个全球性问题，而这些目标的实现都离不开科学技术的创新支持。开放科学通过推动数据、算法、模型等科研成果和研究方法的公开共享，能够显著加速科技创新的步伐，促进全球科研资源的优化配置。尤其是在应对气候变化、能源转型和全球健康危机等问题时，全球研究者能够在开放科学的理念和行动倡导下共享更丰富的数据和工具，提升科学研究的广度和深度，让人类有机会找到更高效、更具可操作性的解决方案。

然而，在推动开放科学的过程中，我们同样需要谨慎面对诸多挑

战。数据的隐私与信息安全，算法的公平性与透明度，科研资源的不平等分配，这些问题都需要得到充分重视并加以解决。可持续发展目标的实现，呼唤全球范围内更加紧密的科研合作与创新机制。在此过程中，制定全球统一的数据共享标准，加强数据治理，以及确保研究成果的广泛应用，都是开放科学与可持续发展目标协同推进的关键。对此，联合国统计大数据和数据科学全球中心与之江实验室等高能级科创平台联手，通过共同举办黑客松大赛等形式，积极推动开放科学在全球范围内的实践进程，致力于通过数据共享、技术创新以及国际合作，参与并促进全球可持续发展目标的实现。

《开放科学——人工智能时代的呼唤》通过详细论述开放科学的理念、实践与挑战，创新提出人工智能时代开放科学研究框架，呼吁全球科研工作者、政策制定者和社会各界共同参与到这一全球进程中来。它不仅为科学研究提供了新的思路，也为全球可持续发展目标的实现提供了强有力的支持。通过推动开放科学，我们能够超越技术壁垒与地域限制，携手解决全球性挑战，最终实现更加公平、可持续的未来。

联合国统计大数据和数据科学全球中心
United Nations Global Hub on Big Data and
Data Science for Official Statistics

2024 年 11 月

引言

开放是科学进步的必然要求。根据联合国教科文组织（UNESCO）发布《开放科学建议书》（*Recommendation on Open Science*）中的定义，开放科学是一个集各种运动和实践于一体的包容性架构，旨在实现人人皆可公开使用、获取和重复使用多种语言的科学知识，为了科学和社会的利益增进科学合作和信息共享，并向传统科学界以外的社会行为者开放科学知识的创造、评估和传播进程。

随着新一轮人工智能浪潮的到来，时代变革对开放科学提出了更加强烈且迫切的需求，加速了开放科学前进步伐，也赋予开放科学全新内涵。以生成式人工智能为代表的科技革命和产业变革加速演进，一是催生了"计算密集（Computational Intensive）、数据驱动（Data Driven）、基于模型（Model Based）"为主要特征的计算形态，让大规模算力普惠供给、高质量科学数据开放共享、大模型开放共建成为开放科学新命题；二是引发了科研范式变革，人工智能渗透到科学假设生成与选择、科学数据治理与表征、科学实验与模拟、科学知识提取与共享等科研全流程各方面，人工智能驱动的科学研究（AI for Science）成为新型科研范式，开放获取的科研工具成为开展科学研究的必要前提；三是加速了科研组织模式变革，科学研究从"个体小作坊"向"开放大平台"的趋势日渐明显，大规模跨学科开放协作成为主旋律。

站在人工智能与科学深度融合的历史节点上，开放科学已成为两者双向奔赴的桥梁与纽带，持续推动科学研究向深度和广度进军，不断突破人类认知边界。与此同时，世界百年未有之大变局加速演进，科技革命与大国博弈相互交织，开放科学服务高技术领域发展的重要性愈发明显，逐步成为科技竞争软实力较量的主战场。

开放科学正在全球范围内如火如荼地展开。2023年，美国白宫科学技术政策办公室与多个联邦机构、超过百所大学和社会组织共同推动"开放科学年"行动，旨在构建开放、公平和安全的科学环境；2024年，美国国家科学基金会启动国家人工智能研究资源（NAIRR）试点项目，旨在使人工智能研究资源普惠共享、触手可及；2024年，欧盟启动AI4EOSC第二阶段行动计划，旨在扩展欧洲开放科学云（EOSC）生态系统并增强服务人工智能时代科学研究的能力……这是一场没有硝烟的战争，其关系到思想观念、体制机制、人才培养和创新文化能否适应人工智能时代的发展新要求，也关系到全球科技版图的发展之势与未来之变。

在全国科技大会、国家科学技术奖励大会、两院院士大会上，开放合作被推到了更加重要的位置。锚定2035年建成科技强国的战略目标，需要直面开放科学理念不统一、要素开放能力不足、资源共享错配、标准框架模糊、开放平台支撑有限等挑战，不断深化开放科学规律研究，统筹开放科学体制机制创新，实施开放科学攻坚行动，构建开放科学治理体系，打造具有全球竞争力的开放创新生态，最终形成公开、包容和透明的开放科学环境，促进科学信息的广泛传播，实现创新主体的广泛参与，让创新活力竞相迸发，使创新要素充分涌动。

目录

第一章　开放科学发展背景 / 1
第一节　开放科学的兴起与定义 / 3
第二节　发展开放科学的必要性 / 18
本章小结 / 27

第二章　开放科学发展现状 / 29
第一节　理论界对开放科学的研究情况 / 31
第二节　各国开放科学行动路径 / 41
第三节　开放科学面临的挑战 / 63
本章小结 / 72

第三章　开放科学整体框架 / 75
第一节　支撑开放科学实践的重要支柱 / 77
第二节　人工智能时代背景下的开放科学框架 / 79
本章小结 / 85

第四章　开放科学研究要素 / 87

第一节　科学数据开放获取 / 89

第二节　科学算力开放运营 / 112

第三节　科学模型开放众创 / 130

第四节　科学设施开放共享 / 150

本章小结 / 165

第五章　开放科学治理要素 / 169

第一节　政策引领：制定促进开放科学的规章制度 / 171

第二节　技术支撑：构建开放共享的基础设施 / 187

第三节　文化培育：营造兼容并包开放科学环境 / 204

第四节　标准统一：确立兼容互通的操作框架 / 219

本章小结 / 238

第六章　开放科学评价框架 / 241

第一节　开放科学评价体系的发展历程与展望 / 244

第二节　建立开放科学指标体系的核心理念 / 247

第三节　开放科学的评价指标框架 / 249

本章小结 / 257

结语　未来展望 / 259

第一章

开放科学发展背景

本章将围绕开放科学的发展背景展开，主要从开放科学发展的历史脉络、概念界定以及发展开放科学的必要性三方面阐述，为后续章节的进一步讨论奠定基础。

第一节

开放科学的兴起与定义

开放科学从早期理念萌芽,到概念成型,再到成为全球共识,演进的过程反映了科学界、各国政府以及全社会对科学研究透明度、可访问性和协作性日益增长的需求。随着这一进程的推进,开放科学的概念不断深化,实践形式日益多样化。如今,开放科学已成为不可阻挡的时代趋势,它不仅关乎科学前沿的突破,更指向一个更加透明、协作与包容的未来世界。

一、开放科学发展的历史脉络

(一)理念萌芽:学术开放制度化

在17世纪这个科学史上的重要时期,学术团体和期刊的出现对科学研究的进程和科学知识的传播产生了深远的影响。随着英国皇家学会和法兰西科学院等知名学术团体的诞生,以及学术期刊的数量不断增多,科学领域开放交流和讨论的氛围逐渐浓厚,这标志着"开放科学"特有的精神与制度的出现。

学术团体催生学术开放精神。在17世纪60年代,由于单个贵族

资助人无法充分资助事业不稳定并需要不断资助的科学家，因此产生了专门的学术团体，对科学家的资助体制也逐渐由个体资助转变为集体资助❶。1660 年，英国皇家学会建立，它有一句著名的格言"Nullius in Verba"，意思是"不要轻信任何人的话"，强调英国皇家学会是为任何人提供的开放擂台，学术要经得起批评和检验❷。紧接着，1666 年法国建立了法兰西科学院，这是一个致力于科学发展的特许机构❸。在这两个科学院建立之后，1667 年到 1793 年政府官方认可了其他 70 个科学组织❹。这意味着"开放科学"的思想和实践的出现，标志着与之前在探求自然奥秘时盛行的保密主义精神的一次决裂。这是科学革命中一个独特且重要的组织性特征，从中凝练出一套全新的规范、激励机制与组织结构，这些新元素加强了科研人员对快速公开新知识的承诺❺。

科学期刊推动第一次科学开放变革。1665 年，英国皇家学会创办了世界上第一本科学研究方面的专门性期刊——《哲学汇刊》。这本期刊的另一个重要贡献是开创了在学术期刊领域引入同行评议方式的先例，即在出版印刷之前会提前将组好的稿件交给这一领域的专家学者

---

❶ Frances K G. Access to Medical Knowledge: Libraries. [J]. Digitization，and the Public Good，Scarecrow Press，2007.
❷ 吴建中. 推进开放数据助力开放科学 [J]. 图书馆杂志，2018，37（2）：4-10.
❸ Académie des sciences.Histoire de l'Académie des sciences[EB/OL].（2024-07-26）[2024-08-30］. https://www.academie-sciences.fr/fr/Histoire-de-l-Academie-des-sciences/histoire-de-l-academie-des-sciences.html.
❹ 唐义，肖希明. 开放科学发展历程及存在的问题与对策 [J]. 情报资料工作，2013（5）：20-24.
❺ Paul A D. Understanding the emergence of "open science" institutions: Functionalist economics in historical context [J]. Industrial and Corporate Change，2004，13（4）：571-589.

进行评审并提出意见❶。到1699年,世界上已经有了30种科学期刊,1790年达到1052种❷。这一时期,科学期刊的诞生推动了第一次科学开放变革❸,学术论文成为科学交流的载体。自此科学知识有了正式、公开的交流系统,学术论文成为创新知识的规范载体,这对17世纪和18世纪科学知识的迅猛增长起到了至关重要的推动作用❹。

(二)概念成型:从开放获取迈向开放科学

开放科学的理念虽在17世纪便已萌芽,但其发展之路却充满曲折,经历了一段相对滞缓的成长期。在这期间,学术期刊的集中化与垄断趋势日益明显,科学探索的成本增高,知识鸿沟加剧,学术交流危机挑战科学与知识生产公共价值❺。直至20世纪末期,开放科学以一股不可阻挡的全球性运动之势崭露头角,从开放获取、开放科研数据、开源软件等独立的行动逐步融合发展为全球开放科学运动,开放科学的概念也不断被定义与诠释。在这一时期,开放科学不仅作为一种理念被广泛接受,更转化为了一系列具体行动。

---

❶ 中新网.英皇家学会《哲学汇刊》:世界最早同行评议期刊[EB/OL].(2011-11-11)[2024-08-30]. https://www.chinanews.com.cn/cul/2011/11-11/3455193.shtml.
❷ Frances K G. Access to medical knowledge:Libraries,digitization and the public good[M]. Scarecrow Press,2007,215-216.
❸ 杨卫,刘细文,黄金霞,等.构筑开放科学行动路线图把握开放科学发展机遇[J].中国科学院院刊,2023,38(6):783-794.
❹ 索传军,李艺亭.评价理论视角下的论文同行评议演进[J].情报理论与实践,2023,46(5):57-65.
❺ 陈传夫.开放科学的价值观与制度逻辑[J].武汉大学学报(哲学社会科学版),2023,76(6):173-184.

期刊价格危机推动开放获取运动兴起。20 世纪 80 年代以来，特别是进入 21 世纪后，网络和计算技术迅速发展，支持了各种新的科研合作，使得在更大范围、更深层次进行知识创造和共享成为可能[1]。但随着学术论文出版日益趋于集中，商业出版集团对学术信息的垄断愈发严重，期刊文献大肆增长的订购费用使学术机构普遍不堪重负。为应对期刊订购价格危机，学术界提出科技信息开放获取理念，倡导公共资助研究成果能够通过互联网及时发布，让所有社会公众免费阅读、下载、复制、保存、传播和使用[2]，在此理念下开放获取运动兴起。开放获取运动的标志性文件《布达佩斯开放获取倡议》于 2002 年 2 月发布，该倡议首次对开放获取下了定义，随后，8 个国家的主要研究图书馆组织联合建立了"国际学术交流联盟"，旨在将现存的学术交流过程转变为开放存取的方式；之后，布达佩斯倡议委员会相继出具《新开放获取期刊创建指南》和《现存订阅期刊转化指南》。在技术方面，大量免费期刊出版软件，如由政府资助开发的开放期刊系统（OJS）也开始出现。开放获取（Open Access，OA）期刊和机构仓储得以迅速发展[3]。时至今日，开放存取的理念已经深入人心，开放获取运动促进资源的开放与再利用，营造了资源共享、大众创新的科研环境，开放获取已经成为学术

---

[1] 陈秀娟，张志强. 开放科学的驱动因素、发展优势与障碍[J]. 图书情报工作，2018，62（6）：77-84.
[2] 赵昆华，刘细文，龙艺璇，等. 从开放获取到开放科学：科研资助机构的理念与实践[J]. 中国科学基金，2021，35（5）：844-854.
[3] BOAI.Budapest Open Access Initiative[EB/OL].（2022-03-15）[2024-08-31]. https://www.budapestopenaccessinitiative.org/boai20.

资源交流的主流模式之一❶。

  作为开放获取运动的补充，开放数据运动兴起。虽然通过开放获取期刊，读者能获取研究成果内容，但是对于研究过程中产生的各类研究数据、实验过程数据依然无从获取。2012年《自然》杂志的一项研究❷表明，一些关于临床前药物研究的论文的结果无法再验证，这对科学研究具有不利影响。因此，一些知名科技期刊开始出版和公开科学研究的实验数据，读者可以通过这些实验数据对研究结果进行验证；同时，也可以通过复用和活用数据催生新的研究成果。由此可见，开放数据是对开放获取期刊的有效补充，使科学研究的发表和开放获取更加完整❸。此外，开放数据运动并不止步于学术界，政府透明化与开放数据商业化进一步推动了开放数据运动的发展❹，尤其是在当前这个数据革命时代，开放数据不仅是全球趋势，而且已经成为推动创新、经济增长和社会进步的关键力量。开放获取运动和开放数据运动被视为开放科学运动的关键组成部分，它们共同奠定了开放科学的基础。这两项运动在各国的扩散，有效提高了文献扩散和知识传播的速度，增加了学术成果交流的机会❺。

---

❶ 中国教育发展战略学会人才发展专业委员会. 开放存取（Open Access）的发展历程 [EB/OL].（2021-12-03）[2024-09-01]. https://www.acabridge.cn/hr/xueshu/202112/t20211206_2184139.shtml.
❷ C Glenn Begley, Lee M Ellis. Drug development: Raise standards for preclinical cancer research[J]. Nature, 2012（483）: 531-533.
❸ 赵艳枝, 龚晓林. 从开放获取到开放科学：概念、关系、壁垒及对策 [J]. 图书馆学研究, 2016（5）: 2-6.
❹ 高丰. 开放数据：概念、现状与机遇 [J]. 大数据, 2015, 1(2): 9-18.
❺ 同❸。

从开放获取向开放科学跃升。随着开放获取运动的纵深发展,越来越多国家意识到仅靠科研成果开放不足以支撑科研的长久创新与进步。开放获取运动逐渐由期刊开放转变为建立知识的开放机制,并作用于全科研过程[1],逐步走向开放科学的范畴。开放科学鼓励整个科学生命周期的开放,从科学发现之初到科学实验、验证、产出、传播、应用和创新的开放,并对科学主体、客体、主观、客观层面提出了更高的开放要求[2]。同时开放科学的影响力日益扩大,由理念和系列运动逐步转变为国家行动。2012 年,欧洲科学院联盟发布《面向 21 世纪的开放科学》联合宣言[3],率先要求科研资助机构在出版物、研究数据、软件、教育资源和基础设施等方面实施开放科学原则,从而促进欧洲及全球的科学合作。2014 年,欧盟委员会提出了"地平线 2020"计划,这是欧盟成员国共同参与的最大的研究和创新计划。该计划旨在促进国际合作,并加强研究和创新在制定、支持和实施欧盟政策方面的影响,同时应对全球挑战[4]。

自此,开放科学经历了从科学界的个体自觉到群体共识,再到国家主导的全社会参与运动的发展过程。在引领科学自身发展进步的同时,开放科学彰显着科学的人文关怀与一种超越性的科学理想[5]。

---

[1] 杨卫,刘细文,黄金霞,等.构筑开放科学行动路线图 把握开放科学发展机遇[J].中国科学院院刊,2023,38(6):783-794.

[2] James W.Next-generation metrics: responsible metrics and evaluation for open science[EB/OL].(2017-03-15)[2024-07-31]. https://eprints.whiterose.ac.uk/113919/1/Next_Generation_Metrics.pdf.

[3] 陈传夫.开放科学的价值观与制度逻辑[J].武汉大学学报(哲学社会科学版),2023,76(6):173-184.

[4] 同[2]。

[5] 方颖.全球化时代开放科学的理念与实践——基于机遇与挑战的宏观分析[J].科技和产业,2022,22(8):139-146.

（三）全球共识：政策法规完善与理论实践深化

随着开放科学的影响力日益扩大，开放科学政策趋于完善，理论与实践活动也不断丰富。在 2021 年，开放科学得到了关键性推动，联合国教科文组织的 193 个成员国批准了《开放科学建议书》❶。这一具有历史意义的国际法律框架，为在全球范围内推进开放和协作的科学实践提供了共同路线图，推动了全球开放科学浪潮，也标志着开放科学成为全球共识❷。

1. 开放科学政策趋于完善

开放科学被倡导在整个科学过程中更系统地应用。2016 年，荷兰担任欧盟轮值主席国期间，发出《阿姆斯特丹开放科学行动倡议》❸，倡议在 2020 年之前，所有在欧盟国家公共资助的新发表论文均可实现免费开放获取，并为此制定十二项具体行动措施以加快欧盟境内的科研范式向开放科学转变。同年，欧洲委员会发布《欧洲的愿景：开放创新、开放科学、向世界开放》❹，明确提出开放科学是一种利用新型协作工具和数字技术，分享所有可获得的科学知识，取得科学进步的新方法，通

---

❶ UNESCO.UNESCO Recommendation on Open Science[EB/OL].（2021-11-23）[2024-06-30]. https://unesdoc.unesco.org/ark:/48223/pf0000379949.locale=en.

❷ 任延刚，马瀚青，王嘉昀. 中国开放科学发展与治理的机遇、优势与对策[J]. 数字图书馆论坛，2024，20（5）：22-27.

❸ European Union.Amsterdam Call for Action on Open Science [EB/OL].（2016-07-16）[2024-06-30]. https://www.openaccess.nl/sites/www.openaccess.nl/files/documenten/amsterdam-call-for-action-on-open-science.pdf.

❹ European Commission.Open innovation，open science，open to the world[EB/OL].（2016-07-16）[2024-06-30]. https://digital-strategy.ec.europa.eu/en/library/open-innovation-open-science-open-world.

过一系列流程的再造，营造出一个开放创新的科研生态体系。2021年9月，在中国北京中关村，13家国内外知名科研机构牵头成立"开放科学国际创新联盟"，并发出"开放科学实践北京倡议"，传递出推动全球科学界加强协同合作的声音[1]。

开放科学政策逐渐被纳入全球政治议程。2015年10月，经济合作与发展组织发布《让开放科学成为现实》，标志着开放科学进入了各国政策领域[2]。在欧盟的框架下，芬兰、荷兰、法国、意大利等国家纷纷发布开放科学国家行动计划（表1-1），全面落实开放科学理念。2023年12月14日，联合国教科文组织发布了《开放科学展望：世界各地的现状和趋势》[3]报告的第一版。报告指出，自2021年11月《开放科学建议书》发布以来，11个国家出台了开放科学政策、战略和法律框架。此外，4个国家已将开放科学原则纳入其国家科技创新政策（即爱沙尼亚、加纳、塞拉利昂、斯洛文尼亚），超过10个国家（如博茨瓦纳、科特迪瓦、克罗地亚、肯尼亚等）目前正在根据建议书制定开放科学政策。

---

[1] 北京日报．开放科学国际创新联盟成立，向全球科学界发出"北京倡议"[EB/OL]．（2021-09-28）[2024-08-31]．https://baijiahao.baidu.com/s?id=1712146156358366681&wfr=spider&for=pc．

[2] 吴建中．推进开放数据 助力开放科学[J]．图书馆杂志，2018，37（2）：4-10．

[3] UNESCO.Open science outlook 1: status and trends around the world[EB/OL]．（2023-12-15）[2024-07-31]．https://unesdoc.unesco.org/ark:/48223/pf0000387324．

表 1-1 开放科学国家行动计划

国家	发布时间	国家	发布时间
芬兰	2014 年	法国	2018 年 /2021 年
斯洛文尼亚	2015 年 /2023 年	意大利	2022 年
荷兰	2017 年 /2021 年	乌克兰	2022 年
保加利亚	2021 年	爱尔兰	2022 年
加拿大	2021 年	—	—

资料来源：根据公开材料整理。

2. 开放科学理论与实践不断丰富

开放科学的关键原则被相继制定。2013 年 6 月，八国集团首脑在北爱尔兰峰会上签署《开放数据宪章》，提出了开放数据五原则：①开放数据是基本原则；②注重质量与数量；③让所有人使用；④为改善治理而发布数据；⑤发布数据以激励创新❶。如科学数据管理原则。2016 年，FAIR 原则被正式确定为科学数据管理的指导方针，规定了数据的开放共享需要满足可发现（Findable）、可访问（Accessible）、可互操作（Interoperable）、可重用（Reusable）等四个方面的要求❷。如开放科

---

❶ UKGOV.G8 Open Data Charter and Technical Annex[EB/OL].（2013-06-18）[2024-08-31]. https://www.gov.uk/government/publications/open-data-charter/g8-open-data-charter-and-technical-annex.

❷ Axton M，Baak A，Blomberg N，et al. The FAIR Guiding Principles for scientific data management and stewardship[J]. Scientific data，2016，3：15.

学的指导原则。2021年,《开放科学建议书》❶ 提出了6项原则,包括：①透明度、审查、批判和可再现性；②机会均等；③责任、尊重和问责；④协作、参与和包容；⑤灵活性；⑥持续性。

开放科学实践多样化。起初开放科学推进的重点是论文和数据的开放,现在它已经超越了论文或数据范围,包含相互利用研究基础设施、开放且共享研究方法以及实现机器可读等内容❷。如共享基础设施：世界各国相继建立研究数据中心以推动开放科学发展,如欧洲建立了欧洲开放科学云❸（European Open Science Cloud，EOSC）,通过联合欧洲现有的分布式科学数据基础设施,打造一个开放、无缝访问的虚拟环境,为欧洲科研人员及各领域的专业人士提供跨境、跨领域的科研数据存储、管理、分析与再利用服务。日本也建立了全国性的日本情报学研究所机构知识库（JAIRO Cloud）,提供机构知识库云服务。如共享研究方法：美国对研究人员提供开放科学框架❹（Open Science Framework,OSF）这样的免费开源协作管理软件,实现管理项目、共享数据、协作撰写文档和跟踪版本历史等功能,从而简化科研工作流程并促进了开放科学实践。

---

❶ European Commission.Open innovation，open science，open to the world[EB/OL].（2016-07-16）[2024-06-30］. https://digital-strategy.ec.europa.eu/en/library/open-innovation-open-science-open-world.

❷ 吴建中. 推进开放数据 助力开放科学[J]. 图书馆杂志,2018,37(2):4-10.

❸ EOSC.The European Open Science Cloud[EB/OL].[2024-08-31]. https://eosc.eu/eosc-about.

❹ OSF.OSF 入门（Getting started on the OSF，Chinese-Simplified）[EB/OL].（2023-07-20）[2024-07-31］. https://help.osf.io/article/431-osf-getting-started-on-the-osf-chinese-simples.

二、开放科学的概念界定

（一）什么是开放科学

"开放科学"一词最早由美国经济学家、斯坦福大学教授 P. 戴维（P.David）提出，他反对将知识产权问题延伸到信息产品领域，认为公共研究产生的科学知识是公共物品，在公开发行后每个人都可免费利用这些知识，以产生更高的社会回报。此后，众多机构、组织、个人对开放科学的概念进行了阐释，由于不同主体的理解不同，开放科学的概念尚未统一，主要可从行动、文化、机制这三种视角来看。

行动视角认为开放科学是一系列的科学实践[1]。从行动目的来看，丹·格泽尔特（Dan Gezelter）认为开放科学有四个基本目标：实验方法、观察和数据收集的透明度、科学数据的公开可用性和可重复性、科学传播的公众可及性和透明度、利用网络工具促进科学协作[2]；费歇尔（Fecher）和费里塞克（Friesike）则突出了对基础设施的关注，并补充了学术评估方面的目标，认为开放科学关注为科学家创建开放可用的平台、工具和服务，以及开发一套合理衡量科学影响的替代指标体系[3]。**从行动领域来看，**欧洲研究图书馆协会在《自由开放科学路线图》中明

---

[1] FOSTER.what-is-open-science[EB/OL].（2016-07-26）[2024-07-31］. https://www.fosteropenscience.eu/learning/what-is-open-science/2016.

[2] The OpenScience Project.What，exactly，is Open Science?[EB/OL].（2009-07-28）[2024-07-31］. https://openscience.org/what-exactly-is-open-science/.

[3] SPRINGER LINK.Open Science: One Term，Five Schools of Thought[EB/OL]（2013-12-17）[2024-07-31］. https://link.springer.com/chapter/10.1007/978-3-319-00026-8_2#citeas.

确提出开放科学的七大核心作用领域，可归纳为基础设施建设和数据管理、学术发表与学术衡量指标、参与者素养提升三大方面，具体包括学术出版、"FAIR"数据、基础设施与欧洲开放科学云、衡量指标与奖励、开放科学技能素养、研究诚信与公民科学七大领域[1]。

文化视角认为开放科学是一种协作文化。 这种文化表明了科学本质上是自由、开放和共享的事业，与科学伦理精神一脉相承。有研究指出，狭义的开放科学是指最大限度地开放实验过程、实验方法、实验数据和实验结果，及时、自由、免费地供他人获取使用，形成交流与合作的新局面；而广义的开放科学则上升到理论高度，体现一种开放式的科学文化与学术氛围[2]。进一步从文化的层面来看，目前对于开放科学的理念已形成一定的共识，主要包括"开放、自由、合作、共享"等基本理念[3][4]（表1-2）。另外，这种协作文化强调以技术为基础，通过技术实现数据、信息和知识共享，从而加速科学研究和理解[5]。

---

[1] LIBER Publications.LIBER Open Science Roadmap[EB/OL].（2018-07-02）[2024-07-31]. https://zenodo.org/records/1303002.

[2] 刘桂锋，钱锦琳，田丽丽.开放科学：概念辨析、体系解析与理念探析[J].图书馆论坛，2018，38（11）：1-9.

[3] Mukherjee A, Stern S. Disclosure or Secrecy? The Dynamics of Open Science[J]. International Journal of Industrial Organization，2009，27（3）：449-462.

[4] Hampton S E, Anderson S S, Bagby S C, et al. The Tao of Open Science for Ecology [J]. Ecosphere，2015，6（7）.

[5] Ramachandran R, Bugbee K, Murphy K. From Open Data to Open Science[J]. Earth and SpaceScience，2021，8（5）.

表 1-2 开放科学的基本理念

理念	内涵
开放	任何用户都可免费获取和合理使用通过互联网公开发布科学研究成果
自由	任何个人或机构可以根据自身的需求,自主决定何时、何地、以何种方式、对何种内容或标的进行开放获取、交流等活动
合作	研究人员或利益相关者可以通过网络平台,就研究问题进行咨询、协商、协作
共享	开放科学充分利用各种开放技术、工具与方法,实现科学数据、信息与知识在全球范围内的广泛共享与利用

资料来源:
① Mukherjee A, Stern S. Disclosure or Secrecy? The Dynamics of Open Science[J]. International Journal of Industrial Organization, 2009, 27(3): 449-462.
② Hampton S E, Anderson S S, Bagby S C, et al. The Tao of Open Science for Ecology [J]. Ecosphere, 2015, 6(7): 120.

机制视角认为开放科学是一种知识生产与传播机制。有研究认为开放科学是一种累积知识生产机制,科学家由此可以汲取先前研究人员获得的知识,并将其发现提供给未来的研究人员[1]。也有研究认为,开放科学是一种基于合作研究的科学实践新方法,是一种利用数字技术和新的协作工具促进共同努力、尽早和尽可能广泛地分享成果和新知识的新方法[2]。还有研究进一步提出开放科学推动了大学科研范式转型,具

---

[1] Mukherjee A, Stern S. Disclosure or Secrecy? The Dynamics of Open Science[J]. International Journal of Industrial Organization, 2009, 27(3): 449-462.

[2] Pardo Martínez C, Poveda A. Knowledge and Perceptions of Open Science among Researchers—A Case Study for Colombia[J]. Information, 2018, 9(11): 292.

体表现在四点上❶，一是大学研究机构开始由传统的学术"象牙塔"向"知识经纪人"的组织角色转型；二是大学与企业科研契约关系开始由企业"全自主研发"向将部分基础研究攻关项目外包给大学的模式转型；三是大学科学研究成果传播方式开始由需要订阅或者支付费用才可访问的闭合式期刊向开放获取出版物的传播方式转型；四是大学科研评价方式由封闭式同行评审向开放式多元评价转型。

综上所述，从不同的视角去界定开放科学会凸显出开放科学的不同侧面。而在这三种视角中，行动视角被广泛接受，开放科学被视为一系列的科学实践。因此本书在此视角下，采用联合国教科文组织《开放科学建议书》❷的定义，即开放科学是一个集各种运动和实践于一体的包容性架构，旨在实现人人皆可公开使用、获取和重复使用多种语言的科学知识，为了科学和社会的利益增进科学合作和信息共享，并向传统科学界以外的社会行为者开放科学知识的创造、评估和传播进程。

（二）对开放科学的常见误解

人们对开放科学的常见误解，一是认为开放科学局限于学术界，二是认为开放科学与知识产权保护存在对立关系。

误解一：开放科学仅限于学术界。 开放科学不限于传统的学术界，

---

❶ 武学超，罗志敏. 开放科学时代大学科研范式转型 [J]. 高教探索，2019（4）：5-11.
❷ UNESCO.UNESCO sets ambitious international standards for open science[EB/OL].（2021-11-26）[2024-07-31]. https://www.unesco.org/en/articles/unesco-sets-ambitious-international-standards-open-science.

它促进人类知识创新活动从学科中心、学院中心、学者中心的传统模式向问题导向、贡献导向、合作导向的去中心化模式转变❶，它鼓励多元主体共同参与，包括各国政府、国际组织、社会公众以及科研人员等。如开放科学鼓励公众参与，通过公民科学项目，探索公民参与科学研究以及这些活动对社会造成的影响，使开放科学活动超出了专业科学家的范围❷。欧盟从行动上支持公民科学，发布"地平线2020"计划，在欧洲范围内首次较大规模地对公民参与科学进行支持❸。

误解二：开放科学与知识产权保护非此即彼❹。这种观点认为开放科学提倡的数据共享的开放性、公共性与知识产权的独占性、专有性互不相容。实际上，开放科学与知识产权保护是共存互补的关系。一是两者的宗旨理念一致。开放科学的理念是"自由、开放、合作、共享"，通过开源或开放式访问等共享方式促进科技发展；知识产权制度同样致力于促进创新能力的提高，推动科技进步和经济社会发展。二是开放科学与知识产权保护互补。开放共享模式基于公共领域的伦理观念，萌生于知识产权法律制度之外。共享模式倡导在尊重创作者权利的前提下合理使用和分享知识，并不违反知识产权法具体规定，同时知识产权将成为监管开放科学和确保不同贡献者的努力得到正确回报的必要工具❺。

---

❶ 赵阔，陈岚. 欧美等地开放科学的发展经验及启示 [J]. 广东科技，2022，31（7）：51-53.
❷ 许林玉. 开放科学：公民在研究活动中的作用与贡献 [J]. 世界科学，2018（2）：43-47.
❸ 刘娅，孙欣. 欧洲公民科学发展及启示 [J]. 全球科技经济瞭望，2022，37（8）：28-36.
❹ 伍春艳，焦洪涛，范建得. 人类遗传数据的开放共享抑或知识产权保护 [J]. 知识产权，2014（1）：55-60.
❺ 刘静羽，章岑，孙雯熙，等. 开放科学中的知识产权问题分析 [J]. 农业图书情报学报，2020，32（12）：59-69.

第二节

发展开放科学的必要性

开放科学从其概念成型之初，就以不可阻挡的全球性运动的形态存在。从应对全球挑战，到回应人工智能革命下的公平需求和潜在风险应对需求，再到推进包容性社会与科学融合互动，开放科学不仅仅局限于科学领域本身，它的影响延伸到了技术、经济和社会等多个方面，其影响力辐射到了全社会乃至全球层面，发展开放科学已是大势所趋。

一、全球挑战下的时代呼唤

一是全球挑战的复杂性呼唤跨国界跨学科合作。 当今世界面临一系列全球性挑战，如能源和粮食供应的安全与可持续性、气候变化以及生物多样性的丧失等❶。这些挑战的复杂性体现在两个方面：一方面是这些挑战产生的影响往往不受国界限制❷。例如，全球能源危机不仅局限于个别国家或地区，而是影响全球多个经济体。国际能源署早在《2022年世

---

❶ OECD.Meeting Global Challenges through Better Governance[EB/OL].（2021-06-15）[2024-09-01]. https: //www.oecd.org/en/publications/meeting-global-challenges-through-better-governance_9789264178700-en.html.

❷ United Nations.Can 'Open Science' speed up the search for a COVID-19 vaccine? 5 things you need to know[EB/OL].（2020-11-10）[2024-09-01]. https: //news.un.org/en/story/2020/11/1077162.

界能源展望》❶报告中就已指出:"这是第一次真正意义上的全球性能源危机,冲击广度和复杂性前所未有。"另一方面是这些挑战难以用单一领域的知识和技术解决。例如,气候变化不仅涉及环境科学,还与经济学、政治学等多个领域紧密相关。面对这类复杂的全球问题,需要不同国家、不同学科背景的专业人士共同参与研究和讨论,这正是开放科学的重要作用之一,它能够有效地推动跨国界跨学科的合作,以应对全球挑战。

二是全球挑战的紧迫性呼唤加速科学发现与应用。许多全球性挑战具有紧迫性,要求我们必须迅速找到有效的应对策略。如全球气候问题,在联合国发布的《气候变化2023》中❷以近8000页的篇幅详细阐述了全球温室气体排放不断上升造成的全球变暖所导致的毁灭性后果,并指出:机会窗口正在关闭,然而希望仍存,要求立即采取有效措施来应对气候问题。在这些紧迫的挑战面前,开放科学作为创新的催化剂和变革解决方案的加速器至关重要,它可以为打破僵局作出重要贡献❸,主要有以下两方面❹:一方面开放科学能够加速科学发现的步伐。开放科学鼓励研究人员公开分享他们的发现,使数据、方法论和研究成果对更广泛的科学社区开放。同时通过消除信息壁垒,研究人员可以在现有

---

❶ United Nations.Can'Open Science'speed up the search for a COVID-19 vaccine? 5 things you need to know[EB/OL].(2020-11-10)[2024-09-01]. https://news.un.org/en/story/2020/11/1077162.

❷ IPCC.Climate change 2023 : AR6 synthesis report : longer report[EB/OL].[2024-09-01]. https://www.ipcc.ch/report/ar6/syr/downloads/report/IPCC_AR6_SYR_LongerReport.pdf.

❸ WORLD ECONOMIC FORUM.Care, share and dare: why open science is vital for saving the planet[EB/OL].(2023-11-21)[2024-09-01]. https://www.weforum.org/agenda/2023/11/open-science-climate-cop28.

❹ MIT Center for Collective Intelligence.Life Sciences SUPerMInD The Future of Scientific Research and Development[EB/OL].(2021-08-01)[2024-09-01]. https://cci.mit.edu/wp-content/uploads/2021/08/1Pager_The-future-of-scientific-discovery_FINAL_MSIG.pdf.

工作的基础上构建、验证成果，并加快科学发现的步伐。如通过投资开源软件工具普及先进的软件能力，降低经济和技术壁垒来促进研究社群的多样性，从而加强协作研究来加速研究进程。另一方面开放科学能够推动研究成果落地应用，为医学、气候科学等多个领域带来突破，惠及整个社会。如通过开发灵活的孵化器实验室空间来进一步加速生物科技初创企业的生态系统，以促进创新的转化。

二、人工智能革命的需求

人工智能革命需要开放科学的支持来促进其健康发展，当人工智能行业进入千亿甚至万亿参数大模型时代，高效能智能算力成为支撑科学模型 Scaling law 得以持续的基础条件。人工智能的良性发展既要缩小全球技术鸿沟，确保所有人都能从人工智能技术的进步中获益，也要妥善应对人工智能技术本身的潜在风险。

一是确保技术公平惠及全球。 人工智能革命正以前所未有的速度改变着世界，但与此同时，它也在加剧全球的技术鸿沟。不同国家、地区之间，由于对信息、网络技术的拥有程度、应用程度以及创新能力的差别，造成了信息落差及贫富进一步两极分化的情况。在此背景下，开放科学的重要性更为凸显，它能够促进知识和技术的跨境流动，帮助缩小技术鸿沟。开放科学通过消除知识获取的障碍，能够有效确保全球范围内的研究人员和公众平等地访问和利用科学知识，从而促进了科学的公平和包容。如 OSF 平台（一个开源的科学合作平台）致力于支持研究和促进合作，在其网站上提供了大量数据、研究资料，同时满足在线会议功能，有助于推进科学开放与合作。此外，开放科学也有助于加强国际技术支持和能力建设。如欧盟出台了地平线计划❶，其中提到非欧盟国家加入该计划将获得更多参与机会，同时享受与成员国相似的条件。

二是应对技术产生的潜在风险。人工智能技术作为引领新一轮科技革命和产业变革的战略性技术，已成为应对全球危机的关键因素，与全球福祉密切相关❷。但是与任何其他新工具或技术一样，要实现人工智能的潜力，就必须解决其潜在风险。因此，人工智能时代呼唤开放科学，并赋予开放科学新的使命与要求：

（1）解决人工智能的黑箱问题。可解释性是现在人工智能在实际应用方面面临的最主要的障碍之一，人们通常也称之为"算法黑箱"问题❸，即人工智能算法系统从输入到输出之间的不公开和不透明状态，这本质上是使用者对算法系统的不知情，这会影响到人工智能的场景应用、用户信任度等❹。开放科学目前主要从三个方面发力：一是建立人工智能开放社区，以加速人工智能技术负责任的创新与发展❺。二是开放数据，

---

❶ European Commission.Europes global approach to cooperation in research and innovation strategic open and reciprocal[EB/OL].（2021-05-19）[2024-09-01].
https://euraxess.ec.europa.eu/worldwide/lac/europes-global-approach-cooperation-research-and-innovation-strategic-open-and.

❷ THE WHITE HOUSE.PCAST Releases Report on Supercharging Research: Harnessing Artificial Intelligence to Meet Global Challenges[EB/OL].（2024-04-29）[2024-09-01]. https://www.whitehouse.gov/pcast/briefing-room/2024/04/29/pcast-releases-report-on-supercharging-research-harnessing-artificial-intelligence-to-meet-global-challenges.

❸ BURRELL J.How the Machine "Thinks": understanding Opacity in Machine Learning Algorithms[J].Big data & society，2015，3（1）：1-12.

❹ 第5章打破"计算黑箱"，可解释人工智能构建下一代人工智能通用范式[J].下一代创新科技，2024,（00）：41-52.

❺ 腾讯网.英特尔和AMD等全球50家机构成立人工智能联盟[EB/OL].（2023-01-25）[2024-09-02]. https://new.qq.com/rain/a/20231205A0ASPG00.

增加数据透明度。这不仅促进了算法的比较和验证，帮助识别模型的偏差来源，理解模型的决策逻辑，并检测潜在的不公平或歧视性行为。三是代码开源，提升技术透明度。代码开源有助于提升模型可审计性，使得模型的架构和训练过程对所有人可见，有助于发现模型中的潜在错误[1]，这为可解释性人工智能技术提供了基础，帮助分析模型的决策逻辑。

（2）解决技术应用的伦理困境。当下人工智能技术不断推广和使用，既带来很多好处，也带来了很多需要处理的伦理问题，包括技术失业问题[2]、算法歧视问题[3]、技术责任分配问题[4]等。开放科学作为一种促进科学研究透明度和可获取性的方法，在解决这些伦理问题方面可以发挥重要作用，主要从三个阶段[5]着手：一是在科学研究阶段，创造可靠且有用的知识。通过开放数据、开放获取、开放可重复研究、开放同行评议等一系列开放科学行动，以保障科学家开展负责任的科学研究。二是在技术开发阶段，贯彻透明和包容的理念，实现多元主体协调与开发责任治理。三是在社会发展阶段，通过推动公民创新、公民参与实现科技创新的伦理接受和社会满意。

---

[1] G Xu，TD Duong，Q Li，S Liu，and X Wang. Causality Learning: A New Perspective for Interpretable Machine Learning[J]. IEEE Intelligent Informatics Bulletin，2020.

[2] 澎湃新闻. 经济学人封面：人工智能会导致大面积失业，甚至让人类灭绝吗[EB/OL].（2016-06-28）[2024-09-02]. https://www.thepaper.cn/newsDetail_forward_1490551.

[3] 湖南师范大学人工智能道德决策研究所. 曹建峰：算法决策兴起：人工智能时代的若干伦理问题及策略[EB/OL].（2017-05-30）[2024-09-02]. https://aiethics.hunnu.edu.cn/content.jsp?urltype=news.NewsCortent Url&wbtreeid=1145&wbnewid=1711.

[4] 中国社会科学杂志社. 破解人工智能道德治理中的责任难题[EB/OL].（2021-12-22）[2024-09-02]. sscp.cssn.cn/xkpd/gggl/202112/t20211222_5384429.html.

[5] 梅亮，吴欣桐，王伟楠. 科技创新的责任治理：从开放科学到开放社会[J]. 科研管理，2019, 40(12): 1-10.

三、科学与社会互动的期待

一是包容性社会期待科学知识民主化。实现知识的民主化是包容性社会的应有之义。传统学术出版模式往往将研究成果置于付费墙之后,仅限于有能力支付订阅费或访问费用的少数人获取,限制了科学知识在社会中的流动。而包容性社会倡导公平、公正的公共社会空间,与开放科学的理念相契合,开放科学推动研究成果对所有人免费开放,包括研究人员、学生、政策制定者和普通公众,使来自不同背景的个体具备参与科学对话的能力,促进了科学知识的民主化[1][2]。科学知识的民主化对于推动一个更加包容和理性驱动的社会至关重要[3]。一方面是社会需要高质量的基于证据的信息来对抗假新闻的传播。客观可靠的科学信息是对抗后真相现象的一种回应,推动公民更加知情并培养批判性思维。另一方面是集体化的科学创造方式有助于建立一个更具包容性的社会。让更多来自不同背景的人参与到科学研究中来,能确保研究议题能够反映整个社会的需求。另外,通过科学合作项目有助于促进不同文化之间的理解和尊重,促进跨文化交流。

二是科学需要社会公众信任和参与。首先,公众对科学的信任至关

---

[1] WORLD ECONOMIC FORUM.6 reasons why open science might be the future of business[EB/OL].(2023-11-20)[2024-07-31]. https://www.weforum.org/agenda/2023/11/open-science-6-reasons-businesses-should-pay-attention.

[2] WORLD ECONOMIC FORUM.Why open science is the cornerstone of sustainable development[EB/OL].(2021-10-21)[2024-07-31]. https://www.weforum.org/agenda/2021/10/why-open-science-is-the-cornerstone-of-sustainable-development.

[3] KU leuven.Why open science is the cornerstone of sustainable development[EB/OL].[2024-07-31]. https://www.kuleuven.be/open-science/what-is-open-science/the-benefits-of-open-science.

重要，表现在两点上[1]：其一是科学公信力会与科学研究者的努力程度呈现正相关的关系，公众信任和参与有助于督促科研人员更聚焦于创新。其二是科学公信力的衰退不仅会对当代科学界造成影响，亦将波及未来的发展。一旦公信力受损，可能会导致科研资金的削减，进而影响到科研工作者的职业收入与发展前景。此外，长期的不信任氛围还有可能令潜在人才望而却步，从而削弱了科学界的人才基础与创新能力。因此科学发展需要公众信任，开放科学通过公开、共享，能够有效增强科学研究的透明度，从而提高公众的信任度，这不仅有助于科学研究的顺利进行，还能够促进科学知识的有效传播，并使公众更倾向于支持基于科学的决策。

其次，公众参与科学研究有益于科学发展[2]。一方面有助于提高公众的科学素养。通过参与科学活动，公众能够更深入地理解科学原理和方法。另一方面是促进科学民主化。让更多的人参与到科学活动中来，不仅可以促进科学的民主化进程，使科学研究更加贴近民众的真实需求，还可以增强科学研究的社会影响力。公民科学正是开放科学的重要内容之一，开放科学鼓励公民科学，通过让公众参与到科学活动中来，从而促进科学知识的传播和普及，同时也能增加科研项目的多样性和覆盖面，从而更好地解决社会问题。在此基础上，也有助于打破科学/社会二分化隔阂，建立一个不仅仅局限于科学共同体内部自治的科学研究新范式[3]。

---

[1] 倪思洁.中国科学学与科技政策研究会理事长穆荣平：科学地讲科学，才能赢得公众信任[N].中国科学报，2022-12-14（003）.

[2] 光明网.让公众更好地参与科学[EB/OL].（2017-05-26）[2024-07-31]. https://kepu.gmw.cn/2017-05/26/content_24611060.htm.

[3] 廖苗，闫曦月.后常规之后：开放科学会成为一种新范式吗？[J].科学学与科学技术管理，2023，44（4）：21-37.

四、科学良性发展的要求

一是形成超越学术竞争的合作之路。 在争先恐后发表论文和争取资金的过程中，科学有时似乎成了一场竞争。但实际上，现代科学依赖于开放共享和合作❶。一方面，开放共享有助于拓展知识边界。开放科学鼓励分享观点，使得世界各地的研究人员能够快速分享科学发现，公开讨论他们的假设、方法论和初步发现，并接收反馈和建议。这些反馈和建议可能会引导研究人员探索新的方向。另一方面，开放科学推动形成的在线社区，让各个阶段的科学家意识到他们并不孤单，从而形成科研领域的全球科研支持网络❷。同时，开放科学也有助于个人发展❸：开放获取的文献将会得到更多的引用，从而提高了学术影响力；使科研人员能够更好地利用学术资源，显著降低学术研究成本，并促进科研成果的交流；开放科学还能够提高研究人员工作的可见性、被认可度和可信度，进而提高获得资助的可能性以及媒体关注度。

二是构建高效可靠的科研方式。 一方面，开放科学有助于提高效率和减少重复工作❹。通过开放数据和研究成果，研究人员可以避免重复之前已经完成的工作，从而节省时间和资源。这不仅有助于加快科学发

---

❶ NASA.Why Do Open Science?[EB/OL].https: //science.nasa.gov/open-science/why-do-open-science.
❷ Nature.Voices of the new generation: open science is good for science（and for you）[EB/OL].（2021-08-11）[2024-06-31]. https: //www.nature.com/articles/s41580-021-00414-1.
❸ McKiernan E C, Bourne P E, Brown C T, et al. How open science helps researchers succeed[J]. elife，2016.
❹ Nature.Why NASA and federal agencies are declaring this the Year of Open Science[EB/OL].（2021-08-11）[2024-07-15]. https: //www.nature.com/articles/d41586-023-00019-y.

现的步伐，允许研究者更快地验证假设或建立新的理论，减少了不必要的延误，还能确保研究资金得到更有效的利用。另一方面，开放科学有助于提高研究的可靠性❶。首先是开放科学有助于增强研究的可重复性。通过确保研究方法和数据的透明度，开放科学提高了研究的可重复性。这使得其他研究者能够复现实验条件并验证结果，从而增强了科学界的信任。其次是开放科学有助于减少错误和偏见。开放的方法有助于识别并纠正潜在的错误或偏见，确保研究结果的真实性和准确性。这有助于建立一个更坚实的知识基础。

综上所述，开放科学涉及领域之广、辐射范围之大，使得发展开放科学已成大势所趋，尤其是在当前人工智能时代的背景下，人工智能技术将加速人类进入智能时代，而正处于起步阶段的 **AI for Science** 也被认为是科学发现的第五范式。大到人类社会发展阶段，小到科学研究领域，都将因为人工智能技术发生剧烈的变动，在此背景下开放科学更应充分发挥价值，以回应人工智能时代的强烈呼唤。

---

❶ SCIENCE BUSINESS.Why Open Science is the Future（And how to make it happen）[EB/OL].（2019-07-16）[2024-07-15]. https://sciencebusiness.net/report/why-open-science-future-and-how-make-it-happen.

本章小结

本章第一节首先对开放科学的发展历程进行了历史性的追溯。首先，17世纪学术团体与科学期刊的出现，为开放科学理念的萌芽提供了土壤。其次，经过一段相对缓慢的发展阶段，至20世纪末期，开放科学从开放获取、开放科研数据、开源软件等单一行动，逐步融合并发展成为全球性的开放科学运动。最后，开放科学的影响力逐渐扩大，成为全球共识，相关政策逐渐完善，理论与实践的活动也日益丰富。在追溯历史脉络之后，进一步详细阐述了开放科学的内涵。从行动、文化、机制三个视角探讨开放科学的内涵，并给出了本书对于开放科学的定义。最后，对开放科学的常见误解进行了简明扼要的阐释，以帮助读者更好地理解开放科学。

第二节深入探讨了推动开放科学发展的必要性。首先，人类迈入人工智能时代后，对开放科学发展的强烈呼吁，具体表现为全球挑战的复杂性、紧迫性呼唤着开放科学在跨国界跨学科合作、加速科学发现与应用这两个方面发挥作用。其次，人工智能革命需要开放科学的支持以促进其健康发展，包括确保技术公平惠及全球、应对技术产生的潜在风险。再次，科学与社会互动的期待，一方面是包容性社会期待科学知识民主化，另一方面是科学需要社会公众信任和参与，开放科学在这两方

面都发挥着重要作用。最后,科学良性发展要求形成超越学术竞争的合作之路,并构建高效可靠的科研方式,这两点与开放科学所倡导的开放合作理念十分契合。

第二章

开放科学发展现状

当前，越来越多的国际组织已经认识到开放科学对于提升科技创新能力、推动社会经济发展的重要性，并将其列入发展规划，开放科学已经成为全球科学发展的共识。随着开放科学的范围逐渐从专业领域的小范围社会网络转向更大的科学工作者群体，开放科学迎来了蓬勃发展的阶段。然而，开放科学的进程并非一帆风顺，正视现状和未来是推动开放科学持续发展的必要之举。因此，本章旨在梳理开放科学在理论层面和实践层面的发展现状，以实现对开放科学演变的综合性、历史性解析。

第一节

理论界对开放科学的研究情况

随着开放科学运动受到国内外普遍关注，其已经成为科学研究热点之一，涌现出越来越多的研究成果。本节采用文献计量法梳理国内外开放科学相关主题研究成果，以解析现有理论界所关注的焦点。

一、总体分析

与已有研究一致[1][2]，本章以"open science""opening science"为检索词，检索字段为"标题"，对 Web of Science 数据库中 2004—2024 年[3]的论文进行精确检索，共得到论文 981 篇。

（一）发文量趋势

从 2004 年至 2024 年，论文发表数量总体呈现增长趋势，其中

---

[1] 盛小平，毕畅畅，唐筠杰. 国内外开放科学主题研究综述[J]. 图书情报知识，2022，39（4）：101-113.
[2] 王译晗，叶钰铭. 近 10 年国内外开放科学研究述评[J]. 农业图书情报学报，2021，33（10）：20-35.
[3] 2024 年数据截至 2024 年 8 月 2 日。

2021 年论文增长趋势有了显著变化（图 2-1），而这一转折点与全球开放科学重大政策的发布时间相契合。正如第一章中所提，2021 年联合国教科文组织发布《开放科学建议书》，欧盟正式启动"开放研究欧洲"（Open Research Europe，ORE）平台，全球开放科学云计划正式启动，使得开放科学在更大范围内有了实质性的进展。

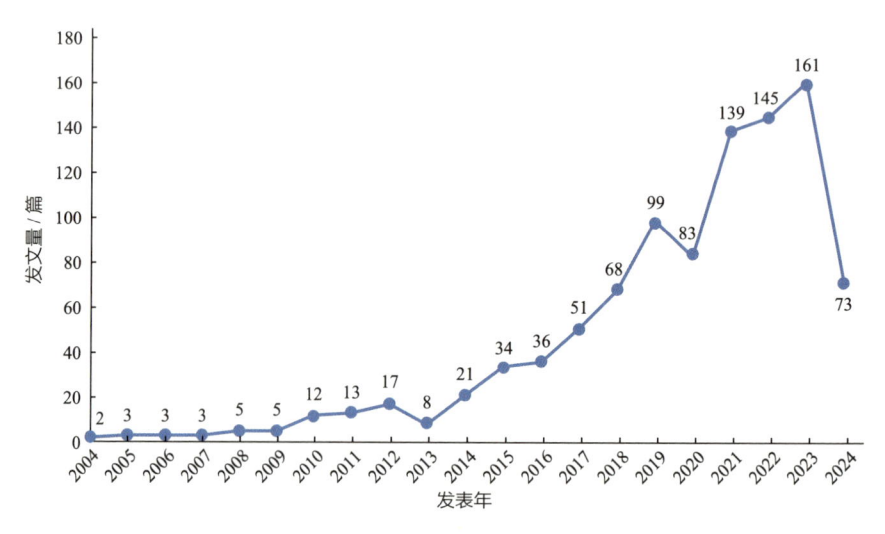

图 2-1　开放科学研究发文趋势（2024 年度数据截至 2024 年 8 月 2 日）

（二）学科分布情况

基于 Web of Science Categories 对期刊的学科分类，分析开放科学研究发文的学科分布情况，共涉及 168 个学科，涵盖了从社会科学到自然科学多个领域，表明开放科学的研究正在多个学科领域得到应用和推动（表 2-1）。

表 2-1　发文最多的前 20 个学科

序号	Web of Science 学科 中文名	Web of Science 学科 英文名	发文量/篇	占比/%
1	情报学与图书馆学	Information Science & Library Science	159	16.21
2	计算机科学、信息系统	Computer Science, Information Systems	87	8.87
3	计算机科学，跨学科应用	Computer Science, Interdisciplinary Applications	77	7.85
4	计算机科学、理论与方法	Computer Science, Theory & Methods	65	6.63
5	心理学，多学科	Psychology, Multidisciplinary	60	6.12
6	多学科科学	Multidisciplinary Sciences	58	5.91
7	教育与教育研究	Education & Educational Research	45	4.59
8	神经科学	Neurosciences	37	3.77
9	管理学	Management	33	3.36
10	通信	Communication	28	2.85
11	计算机科学、人工智能	Computer Science, Artificial Intelligence	26	2.65
12	生物	Biology	24	2.45
13	生物化学与分子生物学	Biochemistry & Molecular Biology	23	2.34
14	工程、电气和电子	Engineering, Electrical & Electronic	23	2.34
15	化学，多学科	Chemistry, Multidisciplinary	22	2.24

续表

序号	Web of Science 学科		发文量/篇	占比/%
	中文名	英文名		
16	环境科学	Environmental Sciences	21	2.14
17	计算机科学、软件工程	Computer Science, Software Engineering	19	1.94
18	心理学	Psychology	19	1.94
19	心理学，临床	Psychology, Clinical	19	1.94
20	公共、环境和职业健康	Public, Environmental & Occupational Health	19	1.94

发文量最多的学科为情报学与图书馆学（Information Science & Library Science），占比为16.21%（159篇），涉及数据管理、开放获取以及信息共享等研究主题。其次是计算机科学相关的多个子领域，计算机科学、信息系统（Computer Science, Information Systems）占比为8.87%（87篇）；计算机科学、跨学科应用（Computer Science, Interdisciplinary Applications）占比为7.85%（77篇）；计算机科学、理论与方法（Computer Science, Theory & Methods）占比为6.63%（65篇）；计算机科学、人工智能（Computer Science, Artificial Intelligence）占比为2.65%（26篇）；计算机科学、软件工程（Computer Science, Software Engineering）占比为1.94%（19篇）。在前20个学科中，合计计算机科学相关领域的发文占比为27.94%。这显示出计算机科学在开放科学中的重要性。再次是多学科科学（Multidisciplinary Sciences），

占比为 5.91%（58 篇）。

从分析结果看，情报学与图书馆学领域占比最高，显示了信息管理和资源共享在开放科学中的核心地位，这也符合开放科学促进知识和数据开放的基本理念。此外，开放科学领域的研究呈现出明显的多学科融合趋势，特别是在计算机科学中，这与当下数据密集型科研、智能化科研的趋势相吻合。

（三）国家与机构分布情况

以论文全部作者所属国家/地区字段进行计量统计，分析开放科学领域主要研究阵地。如表 2-2 所示，全球开放科学领域的研究布局呈现出显著的地域分布特点，美国和欧洲在该领域中占据主导地位，美国以 387 篇发文量占据全球总量的 39.45%，其次是英国，发文量为 159 篇，占比 16.21%。德国、加拿大和意大利则紧随其后，分别发布了 141 篇、98 篇和 80 篇论文，侧面反映美国和欧洲在该领域的强大影响力和高投入力度。总体来看，全球开放科学领域的研究呈现出广泛参与的特点。

表 2-2 全球发文量前二十名的国家/地区

序号	国家/地区	发文量/篇	发文占比/%
1	美国	387	39.45
2	英国	159	16.21
3	德国	141	14.37

续表

序号	国家/地区	发文量/篇	发文占比/%
4	加拿大	98	9.99
5	意大利	80	8.15
6	西班牙	71	7.24
7	荷兰	64	6.52
8	澳大利亚	50	5.10
9	巴西	47	4.79
10	法国	45	4.59
11	瑞士	35	3.57
12	中国	33	3.36
13	比利时	30	3.06
14	奥地利	24	2.45
15	芬兰	22	2.24
16	葡萄牙	22	2.24
17	南非	22	2.24
18	瑞典	21	2.14
19	俄罗斯	20	2.04
20	日本	19	1.94

开放科学领域的理论研究仍集中在学界，前十发文机构多为大学或科研院所，且基本分布在美国、英国、加拿大三个国家（表2-3）。其中，美国加利福尼亚大学系统发文量最多（72篇），哈佛大学其次（34篇）。这一数据也侧面反映出，当下开放科学的参与者中产业界力量较

之学界略为薄弱。此外，排名前十的机构中，有多所排名全球Top20的大学，表明顶尖大学对开放科学的重视以及重要贡献。

表2-3　领域发文前十机构

序号	英文机构名	中文名称	所属国家	发文量/篇
1	University of California System	加利福尼亚大学系统	美国	72
2	Harvard University	哈佛大学	美国	34
3	University of Oxford	牛津大学	英国	34
4	University of London	伦敦大学	英国	33
5	Mcgill University	麦吉尔大学	加拿大	32
6	United States Department of Energy	美国能源部	美国	30
7	University of Wisconsin System	威斯康星大学系统	美国	27
8	Pennsylvania Commonwealth System of Higher Education	宾夕法尼亚联邦高等教育系统	美国	25
9	University College London	伦敦大学学院	英国	24
10	Harvard Medical School	哈佛医学院	美国	23

二、研究热点及主题分析

关键词反映了文献主题，代表文献的核心内容，因此本节通过关键词统计分析来展现开放科学研究的热点和主题。

（一）研究热点

通过高频关键词词云分析（图 2-2），可以较为直观地看出目前理论界所关注的开放科学研究热点。分析发现，探讨开放科学（Open Science）的概念、原则及其对科学研究过程和成果的影响，以及如何推动科学知识的广泛传播和获取研究成果最多，Open Science 出现频次为 455 次；其次为开放获取（Open Access），出现 119 次，主要研究开放获取的模式、政策及其对学术出版、科学传播和知识共享的影响，评估其对学术界和社会的益处和挑战。开放数据（Open Data）出现 59 次，集中探讨如何通过开放数据实践，提升科学研究的透明性、可重复性以及数据驱动的创新能力；第四位为可重复性（Reproducibility），主要研究开放科学对可重复性的支持及影响。

图 2-2 关键词词云

人工智能（AI）、云计算（Cloud Computing）等也是开放科学领域的研究热点，可见人工智能和数字技术等新的科技态势与开放科学之间发展息息相关。此外欧洲开放科学云、开放科学实践等也是研究热点之一，反映了理论界也在密切关注开放科学的实践进程。

（二）研究主题

通过关键词聚类，可以就开放科学所涉及的研究主题进行分类。利用 Vosviewer 可视化软件，对 910 篇论文的全部关键词（All Keywords）共计 2941 个进行分析，其中出现次数大于等于 7 次的为 91 个。对这 91 个关键词进行关键词共现聚类分析，选择结节大于 10（Min.Cluster Size=10）的聚类共计 3 个，即开放科学主题研究形成 3 个主要类团（图 2-3）。

类团一（蓝色部分）为开放科学应用实践及挑战，主要包括数据共享（Data Sharing）、挑战（Challenges）、研究数据管理（Research Data Management）、模型（Model）、开源（Open Source）等。可见，当下数据、模型、开源硬软件是开放科学实践过程中较为关注的要素。

类团二（红色部分）为开放科学基础理论，主要包括开放获取（Open Access）、开放数据（Open Data）、公民科学（Citizen Science）等。该类主题主要围绕开放科学的概念、科学范畴及影响等方面展开。在该大类中，较为突出的细分主题为开放数据，其主要关注元数据、人工智能、云计算、开放平台等要素。

类团三（绿色部分）为开放科学特征及目标研究，主要包括再现性（Reproducibility）、重复研究（Replication）、透明性（Transparency）、可复制性（Replicability）、激励（Incentives）。说明开放科学的目标是

提高研究成果的可靠性和对科学研究的信任。

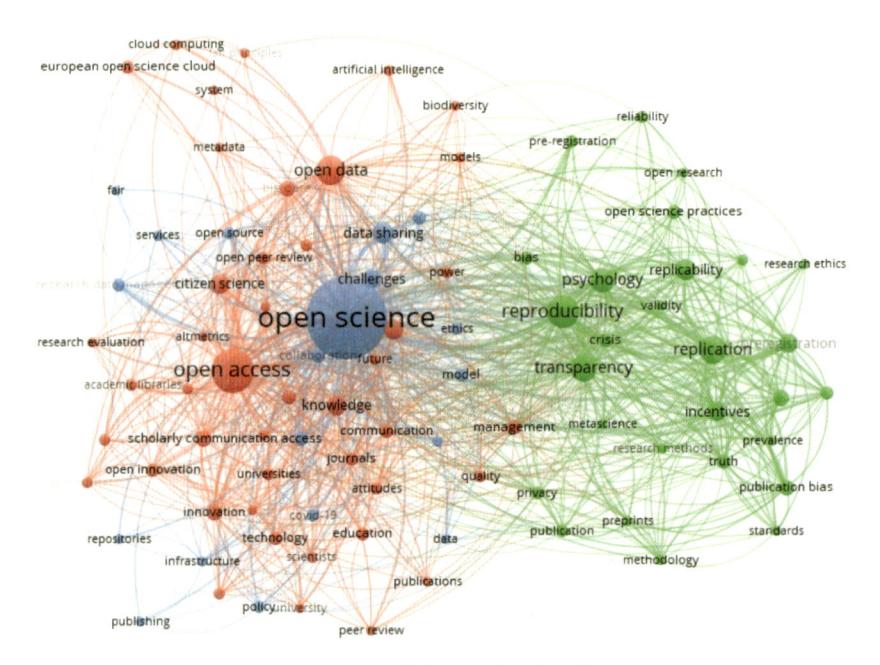

图 2-3　关键词共现网络图谱

第二节

各国开放科学行动路径

在全球开放科学的发展进程中,各国依据其科研体制、技术能力和政策环境,探索出各具特色的发展路径(图2-4)。这些路径不仅反映了各国对开放科学理念的不同理解和实践方式,也展现了其在推动科研成果开放获取、数据共享和公众参与方面的努力与挑战。正如前文所提到的,全球开放科学研究在近年来呈现出显著的增长趋势,各国在这一领域的政策与实践更是不断演进,既有顶层设计的推动,也有科研群体和公众的积极参与。通过探讨这些多样化的路径,我们可以更深入地理

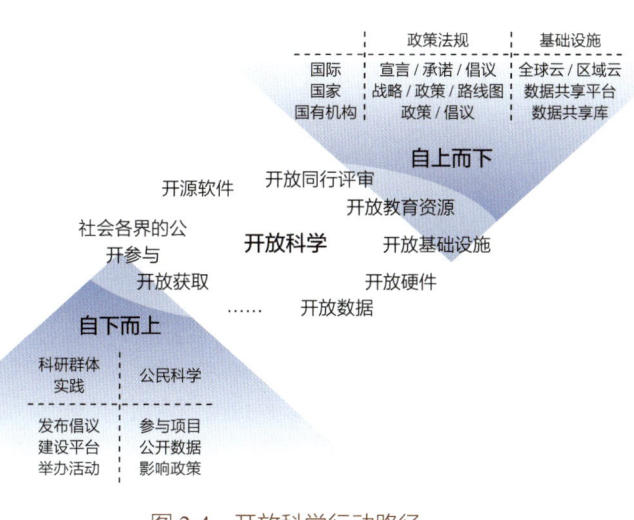

图2-4 开放科学行动路径

解全球开放科学发展的现状及其未来方向,为进一步推动这一科研范式的全球化进程提供借鉴。

一、自上而下策略:政策导向与系统构建

通过顶层设计和政策导向,自上而下的策略在推动开放科学发展中起到了关键作用。政策蓝图的制定和法规的建立为开放科学提供了明确的方向和规范,而基础设施和平台的建设则为开放科学的实施提供了有力的支持和保障。各国和地区通过一系列的政策措施和系统规划,积极推动开放科学实践,促进科研成果的广泛共享和创新发展。

(一)政策蓝图与法规支撑

从美国到欧洲,从亚洲的科技强国到非洲的新兴研究社区,开放科学的浪潮正席卷全球。政策制定者们意识到,只有当科学成果摆脱了传统的束缚,才能真正释放其潜力,加速创新的步伐,惠及全社会。于是,一系列旨在推动开放科学实践的政策应运而生,它们跨越国界,共同编织出一幅全球科研的新蓝图。

1.开放科学政策概览

自2002年"开放获取"的概念被提出后,许多国家发布了相关政策以响应开放获取运动,为开放科学的推行奠定了基础。2021年联合国教科文组织发布《开放科学建议书》后,极大地推动了中国、日本等国家和地区将开放科学理念及原则纳入科技创新政策及战略中,促进了

大量欧洲、非洲国家制定针对开放科学的特定政策、战略、行动计划，同时也促成一些国家从开放获取、数据共享等方面的政策过渡到更全面的开放科学政策[1]。

全球开放科学政策展现出几个主要趋势。首先，开放获取政策是各国开放科学政策的核心，通过确保公共资助的科研成果可以免费获取，显著提高了科研成果的透明度和影响力。开放获取政策通常要求研究成果在开放获取期刊上发表，或存储在开放存取的数据库中。这不仅增加了科研成果的传播范围，还促进了知识的广泛传播和再利用。

其次，数据共享政策也成为各国开放科学政策的重要组成部分。这些政策强调科研数据的开放共享，以促进科研数据的再利用和跨学科的研究合作。通过提供基础设施支持和制定数据管理规范，数据共享政策推动了科研数据的高效共享和使用。

此外，部分国家还制定了为开放科学提供全面支持的政策，涵盖了开放获取、数据共享的各个方面，还包括对开放科学实践的评估、推广和培育文化等措施，并提供资金和技术支持。例如，欧盟的"地平线2020"与"地平线欧洲"计划、荷兰的"国家开放科学"系列政策、美国的"开放科学年"以及加拿大的"开放科学路线图"等政策覆盖了开放获取、数据共享、面向研究者和机构的资源支持、教育培训与激励措施、构建开放科学文化、推动国际合作等方面，提供全面且系统的管理和支持，以确保开放科学的顺利实施和可持续发展。

---

[1] UNESCO. UNESCO Open Science Outlook 1: Status and trends around the world[R].2023. Paris: UNESCO: 57.

最后，一些国家的政策还鼓励公众参与科学研究，推动公民科学的发展。荷兰在其"开放科学2030（Open Science 2030 in Netherlands）"政策中设立的荷兰公民科学（Citizen Science Nederland，CS-NL）就是一个典型的例子，它由荷兰社会各个领域（学术界、工业界、政府、社会组织和公民）的从业者、发起者、研究人员和参与者组成，分享参与性研究和知识技能。CS-NL通过将开放科学与公民科学结合，鼓励公众参与科学研究，增强科学的社会影响力（表2-4）。

开放科学政策的实施，对科研领域产生了深远的影响。首先，开放获取和数据共享政策显著提高了科研成果的可见性和影响力。通过免费获取科研成果，科研人员和公众都可以更容易地获取最新的科学研究成果，促进了科学知识的传播和普及。其次，开放科学政策提高了科研的透明度和可重复性。通过开放获取和数据共享，科研过程中的每一步都变得更加透明，科研结果的可重复性也得到了提升，不仅有助于科学共同体内部的知识共享，还增强了公众对科学研究的信任和支持。开放科学政策还促进了跨学科和跨国界的科研合作。通过开放获取和数据共享，科研人员可以更容易地获取其他研究团队的成果，促进知识交流和合作创新。

2. 开放科学政策未来发展方向

未来，国家层面的开放科学政策发展应侧重于以下几个方面。首先，各国应进一步细化和强化开放获取政策。未来的政策应明确规定公共资助的科研成果必须在开放获取期刊上发表，并制定具体的实施细则和监督机制，确保这一要求得到严格执行。此外，政策还应鼓励科研机构和学术期刊提供更多的开放获取选项，降低研究人员的发表成本。

表 2-4 部分国家 / 国际组织开放科学政策概览

国家 / 国际组织	政策名称	发布年份	发布机构	政策方向 / 内容
欧盟	地平线 2020（Horizon 2020）	2014	欧盟委员会（European Commission）	要求所有研究和创新项目必须开放获取科学出版物
欧盟	地平线欧洲（Horizon Europe）	2021	欧盟委员会（European Commission）	扩展支持开放科学实践采用的措施范围，嵌入开放科学评估系统
荷兰	国家开放科学计划（National Plan Open Science）	2017	荷兰教育、文化和科学部（Ministry of Education, Culture and Science）	旨在到 2020 年实现所有由公共资助的科研成果的开放获取
荷兰	开放科学 2030（Open Science 2030 in Netherlands）	2021	荷兰教育、文化和科学部（Ministry of Education, Culture and Science）	到 2030 年，荷兰所有科学知识都能免费、可访问并可被所有人重用。包括开放获取、FAIR 数据、公民科学等方面
英国	UKRI 开放获取政策（UKRI Open Access Policy）	2021	英国研究与创新局（UK Research and Innovation, UKRI）	推动所有 UKRI 资助的科研成果开放获取

续表

国家/国际组织	政策名称	发布年份	发布机构	政策方向/内容
美国	关于确保免费、立即和公平获取联邦资助研究的备忘录（Ensuring Free, Immediate, and Equitable Access to Federally Funded Research）	2022	白宫科学技术政策办公室（Office of Science and Technology Policy, OSTP）	指导各机构尽快更新其公共访问政策，让纳税人资助的出版物和研究成果可以公开访问，无须解锁或付费
美国	NIH数据管理和共享政策（Data Management and Sharing Policy）	2023	国家卫生研究院（National Institutes of Health, NIH）	要求所有产生科学数据的新提案和竞争提案/续约提交一份详细计划，概述如何存储、保护和最终共享数据
美国	开放科学年（Year of Open Science）	2023	白宫科学技术政策办公室（Office of Science and Technology Policy, OSTP）	宣布2023年为开放科学年，推动开放科学实践，提高公众对开放科学的认识和参与
加拿大	开放获取政策（Open Access Policy）	2013	加拿大健康研究院（CIHR）	提高CIHR资助研究的开放获取，并增加研究成果的传播

续表

国家/国际组织	政策名称	发布年份	发布机构	政策方向/内容
加拿大	三机构出版物统一开放获取（Tri-Agency Open Access Policy on Publications）	2015	加拿大健康研究院（CIHR）、加拿大自然科学和工程研究理事会（NSERC）、加拿大社会科学及人文研究理事会（SSHRC）	要求加拿大三大联邦科研资助机构将联邦资助项目的研究成果于一年内在网上公布，以供公众免费获取
南非	国家开放科学政策草案（Draft National Open Science Policy）	2022	南非科学创新部（Department of Science and Innovation）	要求对公共资助的学术出版物和研究成果开放获取，并要求开放数据政策促进对研究数据的平等获取机会。该政策还支持以符合公平原则的方式存储、发现和传播数据和元数据——使数据和元数据公平[1]
日本	第六期科学技术基本规划	2021	日本政府	将构建新型研究体系，推进开放科学与数据驱动型研究作为重点举措

[1] Frances K G. Access to Medical Knowledge: Libraries[J]. Digitization, and the Public Good. Scarecrow Press, 2007.

续表

国家/国际组织	政策名称	发布年份	发布机构	政策方向/内容
日本	研究出版物和研究数据管理的开放获取政策	2022	日本科学技术振兴机构（Japan Science and Technology Agency，JST）	要求研究出版物原则上应在发表后的12个月内通过机构库提供公开访问。要求项目主要研究人员除提供基础的研究数据和数据管理计划（DMP）外，还需要根据机构制定的规则，对数据管理计划中列出的研究数据创建元数据
中国	关于公共资助科研项目发表的论文实行开放获取的政策声明	2014	中国科学院	要求公共资助的科研成果存储在机构知识库中，并在发表后12个月内向社会开放
中国	关于受资助项目科研论文实行开放获取的政策声明	2014	国家自然科学基金委员会	要求由国家自然科学基金全部或部分资助的科研成果存储在机构知识库中，并在发表后12个月内向社会开放

续表

国家/国际组织	政策名称	发布年份	发布机构	政策方向/内容
中国	科学数据管理办法	2018	国务院	要求政府预算资金资助形成的科学数据应当按照"开放为常态、不开放为例外"的共享理念开放共享,对于公益事业需要使用科学数据的,应当无偿提供数据
中国	"数据要素×"三年行动计划(2024—2026年)	2023	国家数据局等17部门	明确提出"推动科学数据有序开放共享"

资料来源:根据公开资料整理。

数据共享政策需要进一步完善和推广。各国应制定详细的数据管理规范和共享标准,推动科研数据的标准化和规范化管理。同时,应加强数据管理基础设施及共享平台的建设,提供安全、可靠的数据存储和共享服务,确保科研数据的长期保存和高效利用。

政策应加大对开放科学的资金支持力度。政府和科研资助机构应设立专门的开放科学基金,提供稳定的资金来源,支持开放获取出版、数据共享平台建设和技术研发等关键环节。此外,政策还应鼓励社会资本参与开放科学的建设,形成多元化的资金支持体系。

技术创新是推动开放科学发展的重要引擎。未来的政策应支持开放科学相关技术的研发和应用,提升数据存储、管理和共享的技术水平。例如,人工智能和大数据技术可以用于提高科研数据的处理和分析能力,而区块链技术可以用于保障数据的安全和透明。

最后,观念和文化的转变对于开放科学的推进至关重要。各国应加强开放科学的宣传和教育,提高科研人员和公众对开放科学的认识和接受度。政策应鼓励科研机构和学术团体举办开放科学培训班、研讨会和宣传活动,促进开放科学理念的传播和普及,营造开放、合作、创新的科研文化氛围。

(二)基础设施与平台建设

在开放科学的推动过程中,基础设施与平台建设起到了至关重要的作用。这些基础设施和平台不仅为科学研究提供了必要的技术支持和资源保障,还在很大程度上推动了开放科学政策和法规的实施和优化。通过政府和超国家机构的积极支持和建设，开放科学基础设施及平台实现了科研数据、成果和资源的开放获取、管理、存储、分析和再利用，提升了科研的透明性、高效性和合作性。

1. 开放科学基础设施概览

全球范围内，开放科学基础设施正朝着多元化和集成化方向发展。这些基础设施不仅涵盖了数据存储、管理和共享等基本功能，还在跨学科协作、国际合作以及开放获取和数据互操作性方面展现出独特优势。

众多开放科学基础设施中，欧洲开放科学云（以下简称EOSC）是覆盖范围最广、影响力最大且最具示范意义的。它是欧盟委员会发起并推动的一个重要科研基础设施，旨在为欧洲的研究和创新提供一个开放、虚拟的环境，使研究人员能够存储、管理、分析和再利用数据。EOSC建设源自欧盟对开放科学理念的支持和推广，旨在打破数据孤岛，促进跨学科和跨国界的研究合作。作为一个综合平台，EOSC集成了数据存储、计算和分析工具，支持不同学科和领域的研究人员进行高效的科研活动。

EOSC的一个重要特点是其开放性和互操作性。EOSC强调数据的可访问性和可再利用性，通过提供统一的数据存储和管理服务，确保研究数据的长期保存和开放获取。同时，EOSC确保不同系统和平台之间的数据能够无缝对接和交换。这种互操作性不仅提高了数据的利用率，还促进了跨学科的创新研究。研究人员可以方便地访问和再利用这些数据，从而促进了科研成果的共享和再生产。此外，EOSC通过提供数字对象标识符（DOI）等工具，也确保了数据的可追踪性和引用性，为科研成果的传播和影响力提升提供了坚实保障。

值得一提的是，非洲大陆在基础设施方面做出了巨大的努力，建立了与 EOSC 类似的区域开放科学云，即非洲开放科学云（African Open Science Platform，AOSP），致力于通过提供开放的数据存储、共享和管理平台，打破数据孤岛，确保非洲的科研数据能够被广泛获取和再利用。这一平台不仅促进了非洲各国之间的科研合作，也为跨学科和跨国界的研究活动提供了强有力的支持。AOSP 在能力建设的投入是其亮点之一，通过各类培训和教育项目，提升非洲科研人员在数据管理、共享和分析方面的技能，从而推动开放科学理念的普及和应用。此外，AOSP 强调与其他国际开放科学平台的互操作性，确保非洲的科研数据能够与全球数据平台无缝连接和交流，这也为其与 EOSC、澳大利亚研究数据共享平台（ARDC）、中国科技云（CSTCloud）等国家及区域的基础设施联合并实现"全球开放科学云"（GOSC）计划 ❶ 提供了基础。

相比提供综合服务的区域性开放科学云平台，其他开放科学基础设施及平台的侧重点各不相同。在科学数据存储和管理方面，欧盟的 Zenodo 研究数据存储库、ARDC 以及中国科技云在各自领域也都首屈一指。Zenodo 由欧洲核子研究中心（CERN）和 OpenAIRE 创建，允许研究人员存储和分享各种研究成果，包括数据集、软件、报告和论文。它支持多种文件类型和数据格式，并提供 DOI 以便引用。ARDC 由澳大利亚政府创建，提供支持澳大利亚研究数据的管理、共享和再利用的基础设施。通过提供全面的数据管理服务，ARDC 帮助研究人员高效管

---

❶ 全球开放科学云计划是 2019 年 CODATA 北京会议上提出的倡议，旨在鼓励 EOSC、AOSP 等计划与类似计划之间的合作，并最终实现协调和互操作性。

理和共享其研究数据，促进跨学科和跨机构的合作。中国科技云是中国科学院主导建设的一个国家级科研数据和信息服务平台，核心目标是推动科研数据的开放共享和高效利用。中国科技云整合了中国各大科研机构的数据资源和计算资源，构建了一个覆盖全国的统一科研网络，并提供一系列先进的云计算和大数据分析工具，以帮助科研人员更方便地进行数据管理、处理和分析，加速科研成果的产生和应用支持。

由欧盟资助的泛欧洲研究信息和出版物网络 OpenAIRE 在互操作性和数据管理框架方面具有一定代表性。OpenAIRE 支持开放获取出版物和研究数据的共享，提供综合的搜索和获取功能，支持研究数据的开放存取和跨国界的研究合作。值得注意的是，OpenAIRE 也是 EOSC 的重要支柱之一[1]，它的基础设施和服务（如文献库、数据仓库和研究数据管理工具）集成到 EOSC 中，增强了 EOSC 的功能和可用性。OpenAIRE 推动了欧洲范围内的科研合作和开放科学实践，确保了研究成果的高效利用和广泛传播。

在出版和开放获取平台方面，开放研究欧洲（Open Research Europe，ORE）和 PubMed Central（PMC）值得关注。ORE 是由欧盟委员会创建的开放获取出版平台，专门为"地平线 2020"和"地平线欧洲"计划资助的研究项目提供服务。ORE 提供开放获取出版和开放同行评审，所有文章均根据知识共享许可协议许可开放获取发表，出版和同行评审过程完全透明，并在适合的情况下要求作者提供研究方法的详细描述，

---

[1] Andreas C，Jochen S，Najla R，et al. OpenAIRE: the Open Science Pillar of the EOSC[A]//21. International Conference on Grey Literature（GLC）. GL21 Program Book[C]. Amsterdam: TextRelease: 96.

以及研究结果所依据的源数据的完整且便捷的访问权限，以提高可重复性。ORE 不仅提高了评审过程的透明度，还促进了科学交流和讨论。PMC 由美国国家医学图书馆创建，是一个免费的数字存储库，保存了生物医学和生命科学领域的全文学术论文，提供免费的访问，促进了生物医学研究的传播和再利用。

公民科学的快速发展也推动了面向公众参与、知识共享等方面的基础设施建设。为推动公民科学在欧洲的发展，加强科学与社会的紧密联系及支撑相关政策的推进与落实，欧盟"地平线 2020"计划资助并联合多家欧洲机构和组织共同开发了 EU-Citizen.Science 平台，旨在通过共享公民科学的知识、工具、培训和资源，成为欧洲高质量公民科学交流和学习的知识和社区中心。

2. 开放科学基础设施未来发展方向

未来，随着技术的不断创新和国际合作的加强，开放科学基础设施将加速发展。区块链和人工智能等技术将进一步提升基础设施的效率和可靠性，区块链可以用于科研成果的验证和追踪，而人工智能可以用于数据分析和知识挖掘。此外，国际合作将更加紧密，开放科学基础设施也将会突破国界的限制，支持全球范围内的科学研究和知识共享。政策制定者将更加关注开放获取的经济可持续性、数据管理的标准化以及科研成果的质量控制，推动开放科学政策的进一步完善。开放科学吸引更多公众参与的趋势，要求政府提供或建设拥有更多教育资源和公众参与机会的平台，推动科学普及和公众科学素养的提高。

（三）政策法规与基础设施的双向互动

开放科学基础设施和政策法规互为支撑，共同推进开放科学的发展。基础设施提供了实现政策目标的技术保障，确保了数据和科研成果的有效管理和广泛共享；而政策法规则为基础设施建设指明了方向，提供了必要的资金和制度支持。通过这种政策指引和基础设施建设相结合的自上而下驱动模式，开放科学得以在全球范围内快速且有效地推广，极大地提高了科学研究的透明度、效率和合作性，推动了科学进步和社会发展。例如，欧盟的"地平线欧洲"计划等明确要求所有公共资助的科研成果必须在开放获取的期刊或平台上发表，推动了像 ORE 这样的开放获取平台的建立和发展，反过来，这些基础设施通过提供高效的出版和数据管理服务，确保了政策的顺利实施。OpenAIRE 和 EOSC 等基础设施也为欧盟的开放科学政策提供了强大的技术支持。同样，在美国，国立卫生研究院（NIH）和国家科学基金会（NSF）的公共访问政策要求联邦资助的研究成果必须公开获取。NIH 的数据共享存储库和 NSF 的公共访问存储库为这些政策的实施提供了必要的技术支持和平台，确保科研数据和成果能够被广泛获取和利用。

二、自下而上动力：群体创新与实践扩散

在开放科学的发展过程中，自下而上的动力同样不可忽视。科研群体和公众的自发行动和创新实践，为开放科学注入了活力。科研群体通过开放数据、开放获取等倡议和行动，不断推动科研实践的变革和创

新，促进科研新范式的形成。同时，公民科学活动促成了公众在科研活动中的积极参与与知识民主化，进一步推动了科学的透明化和社会的包容性。这些自下而上的力量，通过不断扩散和实践，正在为开放科学的全面发展提供坚实的基础和广泛的支持。

（一）科研群体的积极行动

在开放科学的发展过程中，科研群体的自发倡议和实践活动起到了关键作用。全球的科学家、科研院所、学会、基金会等各类群体不仅通过发布倡议和宣言推动了开放科学的理念传播，还通过建设平台、举办活动等措施促进开放科学实践的扩散和深化。

1. 宣言倡议

宣言和倡议作为开放科学运动的理论基础和行动指南，具有重要的引领作用。科学界的机构及组织，甚至科学家个体集聚在一起，通过明确开放数据、开放获取、开放科学的原则和目标，呼吁其他科研群体和机构参与，并推动开放获取、数据共享及其他开放科学领域的行动。虽然最早的科研群体关于开放科学领域的宣言或倡议已无从考证，但最具代表性的一定是引出"开放获取"概念、开启"开放获取运动"❶的三大国际性倡议——《布达佩斯开放获取计划》（*Budapest Open Access Initiative*，BOAI）《贝塞斯达开放获取出版宣言》（*Bethesda Statement*

---

❶ Andreas C, Jochen S, Najla R, Ilaria F, Iryna K, 2019. OpenAIRE: the Open Science Pillar of the EOSC[A]//21. International Conference on Grey Literature（GLC）. GL21 Program Book[C]. Amsterdam: TextRelease: 96.

on Open Access Publishing，以下简称《贝塞斯达宣言》)《关于自然科学与人文科学资源的开放使用的柏林宣言》(*Berlin Declaration on Open Access to Knowledge in the Sciences and Humanities*，以下简称《柏林宣言》)。BOAI在2002年由开放社会研究所（Open Society Institute）发起，提出了最早也是最广泛使用的开放获取的概念之一，推动了开放获取运动的全球化发展。截至2024年8月，已有7427名个人和1818个组织签署该计划。《贝塞斯达宣言》于2003年由一群科学家和学术出版人制定，详细阐述了开放获取出版的具体操作指南。同年，《柏林宣言》由马克斯·普朗克科学促进协会（Max-Planck-Gesellschaft zur Förderung der Wissenschaften e.V.）发起，明确了开放获取的基本原则，呼吁学术界和科研机构支持开放获取出版和数据共享。《柏林宣言》不仅影响了许多国家和机构的开放获取政策，还推动了全球范围内的学术出版变革。开放数据方面，《开放定义》(*The Open Definition*) 倡议由开放知识基金会（Open Knowledge Foundation，OKF）在2005年提出，定义了开放数据和内容的标准，提供了明确的开放标准，推动了数据和内容的自由流通。"潘顿原则（Panton Principles）"同样也是开放数据领域的重要倡议，由一群科学家及开放数据倡议者起草、开放知识基金会完善，于2010年发布，旨在确保科学数据能够被自由地获取、使用和再利用，从而加速科学研究和创新。

近年来，技术、政策、社会环境都产生了巨大变化，开放共享的复杂性随之提升，开放科学领域的宣言及倡议也在保持更新迭代。2018年，由欧洲的12家研究机构和资助机构组成的S联盟（Coalition S）发布了更具颠覆性的"S计划（Plan S）"，总原则为"自2021年起，S

联盟中所有由国家、地区和国际研究委员会及资助机构提供的公共或私人资助的研究成果的学术出版物，都必须在开放获取期刊、开放获取平台上发表，或通过开放获取存储库立即提供，不受限制"[1]。"S计划"引起了学术界的震动，符合其"'S'代表'科学、速度、对策、震惊（Science, Speed, Solution, Shock）'"的本意。2024年，全球70余家科研院所、资助机构、评估机构、公共部门等共同签署了《巴塞罗那开放研究信息宣言》（Barcelona Declaration on Open Research Information），旨在维护学术独立性，呼吁研究机构团结起来，共同遵守开放研究信息的原则，并致力于开发开放研究数据基础设施。

2. 平台建设

科研群体不仅通过宣言和倡议推动开放科学，还通过创建各种平台来支持和实现开放科学的理念，为研究人员提供了技术支持和资源，促进了科研成果的开放获取和共享。在开放科学领域内，开放获取的平台建设起步早、数量多且更具代表性。arXiv平台是由美国物理学家保罗·金斯帕克（Paul Ginsparg）于1991年创建的预印本存储库，是最早采用和推动预印本的平台之一，涵盖了物理、数学、计算机科学等多个学科，成为科研人员分享和获取最新研究成果的重要平台。它的开放获取模式不仅加速了科学发现的传播，也促进了科研成果的透明性和可重复性。PLOS（即公共科学图书馆，Public Library of Science）是一个开放获取出版平台，由哈罗德·瓦尔缪斯（Harold E. Varmus）、帕

---

[1] cOAlition S. 2019-5-31. cOAlition S Releases Revised Implementation Guidance on Plan S Following Public Feedback Exercise[EB/OL]. https://www.coalition-s.org/revised-implementation-guidance/.

克·布朗（Patrick O. Brown）和迈克尔·艾森（Michael B. Eisen）于2000年创建，致力于提供免费、公开的科学研究成果。PLOS通过其开放获取期刊，推动了科学研究的公开和共享，降低了学术出版的门槛。

开放获取之外，美国与荷兰的科研群体在面向开放科学整体的平台建设值得关注。开放科学框架（Open Science Framework，OSF）是由美国的非营利组织开放科学中心（Center for Open Science）在2011年创建的支持开放科学的综合平台，提供项目管理、数据存储和协作工具，帮助研究人员在整个研究生命周期内实现开放科学实践。国家开放科学平台（National Platform Open Science）由荷兰17个科研院所于2017年发起，支持荷兰研究人员实现开放获取、开放数据和开放教育。这个平台不仅提供技术支持和资源，还推动了荷兰国家层面的开放科学政策的制定与实施。

3. 交流合作

除倡议的发布和平台建设外，科研群体还通过各种活动促进开放科学的实践和扩散。这些活动不仅提高了公众和科研人员对开放科学的认识，还提供了交流和合作的机会，推动了开放科学理念的广泛传播和实践。开放获取周（Open Access Week）是一个全球性的活动，由开放获取学术资源联盟（SPARC）于2008年发起，旨在提高人们对开放获取的认识和理解，吸引了全球数千名研究人员、图书馆员和政策制定者参与，推动开放获取运动的广泛传播。开放数据日（Open Data Day）由开放知识基金会于2010年发起，通过一系列工作坊、黑客马拉松和演讲等活动，促进了开放数据的使用和创新，推动了科学数据的开放获取和共享。开放教育周（Open Education Week）则是一个致力于推广开

放教育资源的国际活动,由开放教育联盟(Open Education Consortium)于2012年发起,该活动汇集来自世界各地的教育工作者和研究人员,共同探讨和分享开放教育的经验和成果。

科研群体的积极行动为开放科学的顺利推进提供了重要支撑。通过宣言和倡议,科研群体为开放科学提供了理论基础和行动指南,推动了全球科研群体对开放科学理念的认同和实践。通过平台建设,科研群体为开放科学实践提供了技术支持和资源保障,提升了科研过程的透明性和协作性。通过各种活动,科研群体促进了开放科学的实践扩散和理念传播,提高了公众和科研人员对开放科学的认识和参与。这些自下而上的动力,不仅推动了开放科学的快速发展,也为全球科研生态系统的变革注入了新的活力。科研群体的创新和实践,体现了科学研究的开放性、协作性和共享性,推动了科学知识的广泛传播和应用,提升了全球科研的整体水平。

(二)公众参与和知识民主化

在开放科学的发展过程中,公众参与和知识民主化起到了至关重要的作用。通过公民科学项目,公众不仅能够直接参与科学研究,还能在科学知识的传播和共享中发挥积极作用。公民科学是指非专业科学家参与到实际的科学研究项目中,这种模式不仅丰富了科研数据的来源,还促进了科学知识的民主化,推动了公众科学素养的提升和科学政策的制定。

虽然公民科学由来已久,但随着互联网、智能手机等数字技术和科技设备的普及,数据的收集和分享变得更加便捷。许多公民科学项目通过手机应用程序和在线平台，简化了数据收集和上传的过程，使更多的人能够参与到科学研究中来，公民科学的影响力和覆盖面也得到了显著提升。当前，公民科学项目涵盖了多个科研领域。例如，Zooniverse 平台汇集了全球数百万名志愿者，参与到天文学、生态学、历史学等多领域的科学研究中；Galaxy Zoo 和 eBird 项目让普通公民能够参与鸟类和天文学的研究；BudBurst 项目鼓励公众监测植物的萌芽、开花和结果时间，以此来研究气候变化对植物的影响。这些项目不仅收集了大量有价值的数据，还培养了公众的科学兴趣、增强了公众的科学素养。

然而，公民科学项目的目的不仅限于数据收集。通过参与科学研究，公众获得了宝贵的学习机会，提升了对科学的理解。研究表明，参与公民科学项目能够显著提升参与者的科学素养。此外，公民科学项目还促进了社会互动和社区建设，参与者通过共同的科学兴趣建立了新的社会联系和合作网络。

公民科学的影响还延伸到了政策制定领域。通过公民科学项目收集的数据，政策制定者能够获得更多元、更及时的信息，以更好地制定和评估政策。例如，公民科学项目提供的环境数据被广泛用于制定和评估环境政策和保护措施；在欧洲，公民科学项目也已经被纳入多个政策框架。这种自下而上的数据收集方式，使得政策制定过程更加民主和透明，增强了公众对政策的信任和支持。

总的来说，公民科学在推动科学的开放性、透明性和包容性方面是不可或缺的。公众通过参与公民科学项目，丰富了科研数据的来源，促进了科学知识的民主化，提升了科学素养和社会互动。这些自下而上的努力不仅使科学更加公开、更具包容性，还为全球科研生态系统的变革

注入了新的活力。未来，随着技术的进步和公众参与意识的增强，公民科学将在推动科学进步和社会发展中发挥更加重要的作用。

（三）科研群体与公众的双轮驱动

在开放科学的进程中，科研群体与公众的双轮驱动作用尤为关键。科研群体不仅是开放科学的倡导者，更是践行者，他们通过积极推动开放获取、数据共享和开放教育等实践，确保科学研究的透明性和可重复性。这一群体通过制定政策、搭建平台、创建工具等方式，为全球研究者提供了广泛的资源和技术支持，使得科学知识能够跨越地域和学科的界限，实现更大范围的传播和应用。

与此同时，公众的参与为开放科学注入了新的活力。通过公民科学，公众从传统的科学知识接收者转变为积极的参与者，直接参与科学研究的各个环节。这种参与不仅丰富了科研数据的来源，还推动了科学知识的民主化，使得更多人能够理解和利用科学成果。公众的参与进一步提升了科学的社会影响力，增强了科学研究的透明性和公信力。

科研群体与公众的协作模式正在不断深化，这种双轮驱动的力量为开放科学的发展提供了持续的动力。科研群体带来的专业知识和技术支持，使得开放科学的推进更加系统和规范；而公众的广泛参与则为科学研究注入了新鲜的视角和丰富的资源，推动了科学知识的普及和社会科学素养的提升。未来，这种双轮驱动将继续推动科学研究向更加开放、透明和社会包容的方向发展，成为开放科学发展的核心力量和科学进步的重要引擎。

第三节

开放科学面临的挑战

虽然近年来开放科学发展已经取得许多进展,但是在实践中仍涌现了许多问题,距离开放科学真正走向公平公正、多样包容、质量诚信,仍存在许多亟待解决的挑战。

一、国际科技竞争下的国家利益挑战

科技创新能力一直以来都与国家实力、财富和安全紧密关联,科技竞争也因此是国家竞争的焦点。而新一轮人工智能的蓬勃发展有望成为科技研发的加速器,各国无法无视该技术蕴含的巨大潜力,随之而来的是,全球主要经济体之间围绕技术优势的角逐愈发白热化。这种科技竞争态势下,必然衍生出许多容易被打压、限制以及阻碍扩散的技术体系,这与开放科学的原则相悖,或将阻碍其发展。

一方面,复杂的许可要求和安全审查可能会产生寒蝉效应,阻碍开放科学资源的传播。科技迭代加速发展本身会给国家安全、社会安全和人的安全带来许多伴生风险,人工智能时代更是如此。出于对数字权利、数据隐私、国家安全、经济增长等方面的考虑,许多国家或国际组织均加强对技术、数据的监管,例如欧盟便是当下技术政策的重要"战场",

在保护数据隐私、促进竞争、确保网络安全以及应对新兴技术带来的社会经济挑战方面，出台了《通用数据保护条例》《数字市场法》《人工智能法案》等一系列法规和政策。而这些监管举措可能会对开放科学产生寒蝉效应，因为不同国家的政策差异以及新法规的激增都无疑增加了企业、科学家遵守规则的成本，甚至使其很难跟上政策制定的节奏[1]。

另一方面，地缘政治对开放科学的侵扰日益严重。发达国家和地区或将以开放科学为手段，在数字世界"跑马圈地"，加剧全球科研资源的不均衡，挤压和遏制其他国家和地区的发展空间[2]。当下，欧美国家在开放科学领域具有巨大影响力和话语权，通过建立开放科学数据库、制定科研平台共享标准、跨国协作发展等模式影响着全球的开放科学进程，其所制定的技术标准、协议规则已成为其他国家发展开放科学的基本遵循。欧美发达国家在强化自身主导地位的同时，也使得发展中国家"沦落"为开放科学资源的消费者[3]。甚至于已经开始主导哪些人、哪些地区可以参与开放科学，以什么条件参与以及以什么目的参与等决策，不停打造"芯片联盟""清洁网络"等科技"小圈子"，以民主、人权的标签，为他国实施技术封锁寻找借口[4]。例如根据美国的出口管制和贸易法规，全球开源代码平台 GitHub 开始严格限制俄罗斯获得其维持

---

[1] Linux.standing together on shared challenges:report on the 2023 Open source congress[R/OL].（2023-12-16）[2024-07-16]. https://www.linuxfoundation.org/research/2023-open-source-congress.

[2] PANNIER A. Software Power: The Economic and Geopolitical Implications of Open Source Software[J]. IFRI: Institut Français des Relations Internationals，2022.

[3] 同[2].

[4] 张新平. 美国科技霸权损害人权阻碍发展 [N].2023-04-07（17）.

"侵略性军事能力"所需的技术，甚至开始限制拥有俄罗斯国籍的开发者在开源社区的活动❶。

二、科研范式转变下的平台建设挑战

数据密集型科研、AI for Science 等科研范式的兴起，使得当代开放科学存在很强的技术特征，其健康发展需要有坚实的平台和工具作为技术支撑。虽然全球各类开放获取平台、工具数量不断上升，世界科技强国也竞相完善开放科学基础设施、推出智能算法、制定技术标准❷，但目前的开放科学平台和工具体系在安全互联、公平发展上尚存局限，未能充分响应开放科学的全面需求。

一方面，开放平台和协同工具无法满足日益增长的资源开放需求❸。数据密集型科研，AI for Science 等科研范式下，学术交流体系不断融合，跨学科交叉研究愈加频繁。随之而来的是开放资源覆盖面的不断扩大，开放资源不再局限于论文、报告等科技出版物，或有限的公开数据集，而是拓展至开源软件、源代码与过程数据、模型算法，甚至硬件设施等，这也使得开放科学平台数量不断攀升。目前，主要开放科学平台数量已达到数千个，因此人们开始更多关注平台间的互操作性和可持续

---

❶ 黄庆桥，兰妙苗，黄蕾宇. 中国数字技术开源开放生态面临的问题与对策研究[J]. 科学技术哲学研究，2024，41（01）：95-102.
❷ 丁大尉，李正风，罗昊雯. 科学治理视域下的我国开放科学实践：现状、动力与对策[J]. 中国软科学，2024（01）：59-66，98.
❸ 郭华东，陈和生，闫冬梅，等. 加强开放数据基础设施建设，推动开放科学发展[J]. 中国科学院院刊，2023，38（06）：806-817.

性❶，来支持推动科学资源的有效流动。

然而，当前全球主流开放科学平台相互独立，孤岛效应大量存在，且现有的平台与技术大多还停留在支持开放资源"存储"的层次上，未触及更高阶的知识结构化处理、知识开放协议等核心内容❷，这使得高效、快速、安全响应大规模开放协作场景下的海量异构资源跨域共享仍是一大难点。以数据库为例，Re3data 平台统计数据显示，目前全球 853 个数据存储库管理平台所使用的技术框架涉及 11 种，不同技术框架下传输大体量数据无疑会出现中断、超时等问题❸。因此，现有的平台和工具仍需加强现实需求适配，拓展技术革新空间，以适应跨域互操作能力的持续提升，包括跨领域资源集成开放，大规模、多模态数据集的存储管理，科学研究工具的整合共享等❹。

另一方面，许多发展中国家由于经济、技术、人才上的差距，在获取数字工具和基础设施、物理设备，以及使用、管理和维护开放平台所需的技能方面缺少公平性。这是阻碍访问、共享和存储信息以及根据开放科学原则开展多维度协作的主要障碍之一，事实上，这一障碍已经导致开放科学实践的不均衡发展。联合国数据显示，在全球开放获取平台（存储库）中，西欧和北美占近 85%，而非洲和阿拉伯地区所占比例仅

---

❶ UNESCO.Open Sicence Outlook1: Status and Trends around the World[R].Paris: the United Nations Educational，Scientific and Cultural Organization，2023.
❷ 杨柳春，王嘉昀.准确把握开放科学的战略机遇[N] 学习时报，2023-02-15.
❸ 于会萍，宛玲.科学数据存储库的发展态势与推进策略[J]. 图书情报工作，2022，66(15)：107-115.
❹ 清华大学图书馆.欧洲开放科学云：促进开放科学的新引擎[EB/OL].（2023-11-23 ）[2024-09-01]. https://lib.tsinghua.edu.cn/info/1375/6590.htm.

为 2% 和 3% 左右，甚至于整个非洲所拥有的平台数量（214 个），仅约为美国（924 个）的四分之一❶。开放平台的低端低效乃至缺失，使得许多国家无法构筑本地区的开放科学环境，更遑论参与全球开放科学领域资源共享。

三、科学透明可信下的制度保障挑战

规范知识流动自由的知识产权法与开放科学之间的潜在摩擦毫无疑问是开放科学实践中的一大挑战❷。虽然现有知识产权体系设置了一定的合理使用原则和许可制度，但是远不能解决科研成果、数据信息等要素开放共享所带来的产权保护、科学发现优先权保障等问题❸。其中，新型资源的著作权保护是典型案例之一。当下开放科学环境下不断涌现出数据、数据使用文档乃至短视频等不同于传统出版物的新资源类型，其是否能被纳入著作权保护范围仍待确定❹。同时，开放工具、开放软件则可能同时面临著作权和专利权双重难题。例如开源软件本不应当存在商业秘密，但是在混合许可证中，即一项软件产品中既包含开源

---

❶ UNESCO.Open Sicence Outlook1: Status and Trends around the World[R].Paris: the United Nations Educational, Scientific and Cultural Organization, 2023.
❷ CROUZIER T, BARBAROSSA E, GRANDE S, et al.Technology transfer&open science[EB/OL].（2017-08-30）[2024-06-30]. http://publications.jrc.ec.europa.eu/repository/bitstream/JRC106998/kj1a28661enn.pdf.
❸ 第四届世界顶尖科学家论坛主题报告.开放科学：构建开放创新生态[EB/OL].（2021-12-01）[2024-06-30]. https://2023.wlaforum.com/upload/en/file/2023-06/col22/1686805547080.pdf.
❹ 国彬，郑霞.数据导引的著作权保护问题研究[J].图书馆杂志，2020，39（06）：11-18.

资源也包含闭源资源，处理不好两者的边界则极易导致商业秘密纠纷❶。此外，与发达国家相比，发展中国家的知识产权法律可能较弱或不够全面，执法效力也可能较低。这可能使创作者和贡献者难以保护自己的作品，并防止他人在未经许可的情况下使用。总而言之，若要维护开放科学的长远发展，建立与开放科学相适应的知识产权制度将是未来必然趋势❷。

伪科学传播挑战也是关注的焦点之一，开放数据、开放研究、开放出版均可能存在科研伦理失范、学术规范异化、学术价值扭曲等问题。例如，开放数据中可能存在涉密数据泄露、数据不当使用；开放的研究方案、研究结论可能会引发抄袭剽窃，诱发无实质贡献论文，或引发更为严重的科研失信；开放出版中，预印本出版可能引发"洗稿""复现"等"思想剽窃"的学术不端行为等。根据《自然》（*Nature*）的一项分析，2023 年被撤稿的论文超过 14000 篇，达到历史新高，其中有 8000 多篇与开放获取期刊出版商 Hindawi 有关，该出版商的大规模的论文撤稿背后是论文工厂（paper mills）、审稿人工厂（reviewer mills）和欺诈性特刊（fraudulent special issues）等一系列问题❸。此外，开放科学的"传染性传播"在客观上会加剧伪科学传播速度。以开放软件或工具为例，受软件间依赖关系的影响，软件漏洞一级传播的影响范围扩大 125 倍，二级传播影响范围扩大 173 倍（图 2-5）。

---

❶ 张平. 开放创新，知识产权问题值得深思 [N]. 中国知识产权报，2022-04-14.
❷ 刘静羽，章岑，孙雯熙，等. 开放科学中的知识产权问题分析 [J]. 农业图书情报学报，2020，32（12）：59-69.
❸ The Lancet.Rethinking research and generative artificial intelligence[J], The Lancet，2024，404（10447）：6-12.

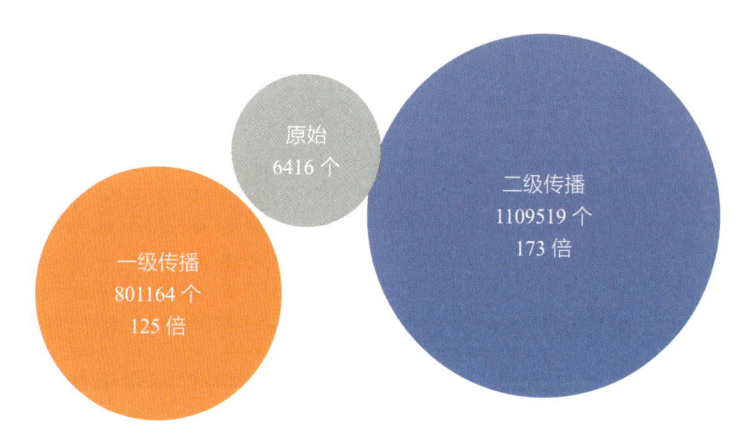

图 2-5　开放组件漏洞依赖传播范围

资料来源：国家计算机网络应急技术处理协调中心《2021年开源软件供应链安全风险研究报告》。

人工智能的出现加剧了可信任开放科学建立的难度。在人工智能技术高速发展和社会化普及的趋势下，开源代码共享社区、算法模型共享社区，以及 AI 应用下的科研产出已经成为开放科学不可或缺的一部分。相比于其他前沿技术，人工智能更多依靠开源技术生态，很多技术进步是各国科学家合作及相互碰撞的结果。这意味着与其相关的科学资源开放涉及许多非国家、非企业行为体的存在，对于风险和问题的溯源将更加困难[1]。此外，人工智能在无恶意的情况下也可能创造出不实的案例、数据和引用，产生"幻觉"，特别是当 AI 获得的训练数据本身存在事实性错误或偏差，那么由其产出的算法及结果也会出现偏差。

---

[1] 杨峥．处理中美在人工智能上的复杂关系 [EB/OL]．（2024-01-09）[2024-09-13]．https：//cn.chinausfocus.com/peace-security/20240109/43098.html.

四、多方互利共赢下的生态打造挑战

如何实现利益相关者互利共赢是实施开放科学的一大考验❶。在开放科学环境下科研人员、出版机构和资助机构等利益相关者的权利和责任发生了一系列变化，各主体参与开放科学可能得不到任何收益，反而需要承担成本和风险，因此如何为各类主体参与开放科学提供正向激励将是开放科学不可避免的问题。事实上，当下的开放科学仍然是一部分图书情报、科技出版等领域管理部门、科研部门和科研人员的"游戏"，并未真正实现学术共同体，走向社会和人民群众❷。

对科技工作者来说，参与开放科学是需要付出额外成本，如数据管理带来的工作量，成果提前开放可能导致失去科学优先发现权等。如果不能获得相应的激励回报，如资金支持、课题申请、业界认可、职业发展等，那他们可能并不愿意参与到开放科学中。正如帕多瓦大学的工作和组织心理学教授维亚内洛（Vianello）所说："我们的负担已经很重了，发表论文的压力大得离谱，所以真的需要有极大的动力才能去遵循开放科学的实践。"❸

对出版机构来说，运营模式也存在诸多不确定性。一方面，商业运营下高昂的 APC 费用并不符合开放科学原则。目前期刊主要采取 APC 模式，即通过由作者、资助者或机构为出版服务支付论文处理费（article

---

❶ 杨卫. 第十七届中国科技期刊发展论坛《我国开放科学路线图与政策体系研究》的主旨报告[EB/OL].（2022-09-19）[2024-08-31]. https://mp.weixin.qq.com/s/XfAIPMQsgetBplBDGkckRA.

❷ 杨柳春，王嘉昀. 准确把握开放科学的战略机遇[N] 学习时报，2023-02-15.

❸ Ciriminna R，Pagliaro M. Open science in Italy: lessons learned en route to opening scholarship[J]. European Review，2023，31（6）：647-661.

processing charges），以实现商业运营。但"付费"出版的负担对来自资源匮乏机构和低收入国家的研究人员，以及早期职业研究人员来说尤其沉重。特别是近年来 OA 期刊的 APC 价格普遍上涨，2024 年完全 OA 期刊涨幅 9.5%，混合 OA 涨幅 4.2%。《2022 年全球 OA 期刊与 APC 监测报告》显示，2022 全年中国作者（通讯作者）支付的 APC 竟达到了惊人的 6.5 亿美元，折合人民币约为 43 亿元，同比增长了 43%。另一方面，财政支持的非商业运营出版模式并不受出版机构欢迎。欧洲提出 S 计划，通过机构、资助方或政府直接支付给出版商出版费用，以实现研究人员无偿发表或阅读文章，但这一计划的执行效果却不如预期。截至 2023 年 6 月，参与 S 计划的期刊仅 1% 转向完全 OA，68% 的期刊由于未达成目标而被踢出 S 计划❶。

尽管现在的科研机构认同开放科学的重要性，但其缺少足够的激励机制去开展开放科学实践。欧洲大学协会（EUA）发布的《从原则到实践：2020—2021 年欧洲大学开放科学调查报告》显示，34% 的大学没有将开放科学实践纳入其机构发展或资金分配决策过程中。大多数大学表示对开放科学的关注仅限于开放获取出版物，仅有不到 25% 的大学考虑了开放研究过程或其他开放类型。40% 的受访者指出，机构向开放科学过渡的主要障碍之一是缺乏激励措施，甚至高于对法律框架（37%）和成本增加（33%）的担忧❷。

---

❶ SILVER A. 68%of 'transformative journals' to be kicked out of Plan S scheme[EB/OL].（2023-06-21）[2024-08-31]. https://www.researchprofessionalnews.com/rr-news-europe-infrastructure-2023-6-68-oftransformative-journals-to-be-kicked-out-of-plan-sscheme/.
❷ EUA.Open Science in universityapproaches to academicassessment: Follow-up to the 2020-21 EUA Open Science survey[R/OL].（2021-12-16）[2024-09-01]. https://www.eua.eu/downloads/publications/academic%20assessment%20follow-up%20report.pdf.

本章小结

本章第一节针对理论界对开放科学的研究现状进行了深入探讨。通过分析 Web of Science 的文献发表数据，本研究发现开放科学主题的文献发表量在 2021 年达到最大增幅，这表明 2021 年是开放科学受到广泛关注的一年。在学科领域方面，开放科学获得了几乎所有学科领域的关注，其中情报学与图书馆学以及计算机科学领域尤为显著。美国、中国和欧洲仍然是推动开放科学理论研究的主要国家和地区，而科研机构则是开放科学相关科研成果的主要产出机构。在研究热点和主题方面，开放科学领域的学者主要聚焦于开放科学的基础理论、实践与挑战、特征与目标三大主题，尤其重视数据、模型、科学再现性等关键要素的研究。

第二节分析了全球主要国家和地区的开放科学行动路径，并从实践角度总结了现有开放科学的两大路径。首先是自上而下的策略，即在国家和政府层面，通过制定政策法规和建设平台设施两大手段，为开放科学的发展提供动力和保障。其次是自下而上的策略，即依托科研社群和公众的自发行动与创新实践，通过宣言、倡议等形式不断推动开放科学实践范围的扩展。

第三节则围绕开放科学的全局视角，深入剖析了开放科学发展所面临的重大挑战。首先是国际科技竞争背景下的国家利益挑战，国家科技利益的维护与开放科学所倡导的知识自由流动之间的矛盾不可避免。其次是科研范式转变背景下的平台建设挑战，随着数据密集型科研和 AI for Science 的发展趋势，对具有更强互操作性和可持续性的开放科学平台的需求日益增长，但这也加深了国家和地区间的数字鸿沟。第三是科学透明可信要求下的制度保障挑战，知识产权保护、科学伦理、人工智能风险等问题依然突出。最后是多方互利共赢需求下的生态打造挑战，如何实现政府、出版社、高校院所、科学工作者等多方利益相关者的共赢，是开放科学走向更广泛开放的必由之路。

第三章

开放科学整体框架

开放科学作为推动全球科研合作、加速科学进步的重要引擎，正以前所未有的速度重塑着学术研究的面貌。本章，我们将聚焦联合国教科文组织发布的《开放科学建议书》，这一里程碑式的文件不仅深刻阐述了开放科学的核心理念，还明确界定了开展开放科学的四大支柱，为构建更加透明、包容、可持续的科学研究环境奠定了坚实基础。随后，我们将视角转向人工智能这一科技浪潮的巅峰，探讨一个全新的人工智能时代背景下的开放科学框架。

第一节

支撑开放科学实践的重要支柱

联合国教科文组织在 2021 年 11 月通过的《开放科学建议书》中将开放科学定义为一个集各种运动和实践于一体的包容性架构，旨在实现人人皆可公开使用、获取和重复使用多种语言的科学知识，为了科学和社会的利益增进科学合作和信息共享，并向传统科学界以外的社会行为者开放科学知识的创造、评估和传播进程。

《开放科学建议书》指出，开放科学涵盖科学学科与学术实践的各个方面，包括基础科学和应用科学、自然科学和社会科学以及人文科学，并依托于开放式科学知识、开放科学基础设施、社会行为者的开放式参与以及与其他知识体系的开放式对话等主要支柱开展实践（图3-1）。

图 3-1 开放科学建设重要支柱

开放式科学知识指对具有一定特点的科学出版物、研究数据、元数据、开放式教育资源、软件以及源代码和硬件的开放，所有行为者均可获取，不论其所在地、国籍、种族、年龄、性别、收入、社会经济状

况、职业阶段、学科、语言、宗教、残障情况、族裔、移民身份或任何其他状况如何。

开放科学基础设施指支持开放科学和满足不同社区需求所需的共享研究基础设施,包括虚拟的或物理的设施。例如,主要科学设备或成套仪器;知识型资源,如汇编、期刊和开放获取出版平台,存储库、档案和科学数据;现有的研究信息系统;用于评估和分析科学领域的开放文献计量学和科学计量学系统;能够实现协作式和多学科数据分析的开放计算和数据处理服务基础设施以及数字基础设施。

社会行为者的开放式参与指科学家与科学界以外的社会行为者之间,运用开放研究周期所涉实践和工具,并通过众筹、众包和科学志愿服务等新的合作和工作形式,增强社会行为者参与科学进程的包容性和开放性。

与其他知识体系的开放式对话,根据2001年教科文组织《世界文化多样性宣言》,指不同知识持有者之间展开、承认各种知识体系和认识论之丰富性以及知识生产者之多样性的对话。其目的是促进吸纳来自历来被边缘化学者的知识、加强各种认识论之间的相互关系和互补性、遵守国际人权规范和标准、尊重知识主权和治理、承认知识持有者有权公平公正地分享因利用其知识而产生的惠益。

第二节

人工智能时代背景下的开放科学框架

开放科学历经长达几个世纪的发展,已在全球达成广泛的共识。以"参与、包容、分享、合作、公开、透明"为理念的开放科学符合科学本质,正在改变着科学实践过程、催化科学创新,是国际科技界所共同呼吁的理想科学环境[1]。

从科学发展的历史来看,科学研究已从通过实验描述自然现象的经验范式(第一范式),到通过模型或归纳进行研究的理论范式(第二范式),再到应用计算机仿真模拟解决学科问题的计算范式(第三范式),发展到通过大数据分析研究事物内在关系的数据范式(第四范式)。而当人类迈入人工智能时代,随着人工智能在数据处理、复杂模式识别等方面的能力快速发展,以大模型为代表的人工智能技术通过快速分析大量数据集,融合来自不同领域的前沿洞见,探索新维度、新假设,不仅能够大幅提升科学家的工作效率,还将促进跨学科深度交流,正在推动科学研究向"第五范式"变革。

人工智能是科技革命的革命性工具,加速推动科学研究向极宏观、

---

[1] 袁亚湘,魏鑫,汪洋,等. 我国开放科学治理框架研究[J]. 中国科学院院刊,2023,38(6):818-828.

极微观、极端条件、极综合交叉迈进，科研模式从"作坊式"转向"安卓式"，平台科研成为这一阶段的主要科研模式，开源社区开始在跨学科开放合作与交叉创新中扮演重要角色。开放科学所倡导的"参与、分享、合作"理念与平台科研的模式十分契合，以"开放"作为价值理念的平台科研呈现出自动化、交叉化和规模化等特征。

自动化是以工具革命助推科学研究效率跃升的有效手段。在工业自动化已经实现的今天，汽车、玩具等工厂的自动化流水线随处可见，人类因此实现生产效率的巨大提升。而在科学界，AI 工具同样能够加速研究范式革新，助推科学研究自动化运转。以大模型为代表的生成式 AI 已展现出作为科学研究通用工具的巨大潜力。通过加速科学研究中的假设生成和筛选、数据治理和表征、实验模拟和验证、知识提取和共享的全链路过程，有效缩短科研人员的探索时间，加速迭代验证过程，提高科技创新效率。

交叉化是 AI for Science 在众多领域发挥实效的内在需求。AI for Science 的发展需要人工智能专家和领域科学家的双向奔赴，通过开放融合人工智能工具和领域知识，实现跨学科的科学发现和开放创新。2024 年的诺贝尔物理学奖被授予约翰·霍普菲尔德（John Hopfield）和杰弗里·辛顿（Geoffrey Hinton），以表彰他们"基于人工神经网络实现机器学习的基础性发现和发明"。同年的诺贝尔化学奖一半授予大卫·贝克（David Baker），以表彰"在计算蛋白质设计方面的贡献"；另一半共同授予德米斯·哈萨比斯（Demis Hassabis）和约翰·M. 詹珀（John M. Jumper），以表彰他们在"蛋白质结构预测方面的成就"。AI for Science 的本质需求是通过人工智能专家与不同学科的研究人员通力合作，实现专业知识的交叉流通，以打破学科间壁垒，提升对知识上下游的通用性，进而推动更多复杂性、前瞻性、战略性难题得到解决。

规模化是现阶段人工智能技术发展的核心特征与根本路径。人工智能时代，数据的生产、采集与存储量爆炸式增长，科学建模所需处理的数据量、依赖的算力资源都呈指数增长，"数据 × 模型 × 算力"规模化成为人工智能竞赛核心。从数据角度看，优质数据供给是人工智能技术高质量发展的关键，训练数据的质量、数量与模型的性能表现、应用深度息息相关。从模型角度看，海量参数的基础模型凭借其基础性和通用性优势，成为人工智能技术竞争的"主战场"，通过提高训练数据量、模型参数规模，在算力加持下，实现通用大模型的"智能涌现"。从算力角度看，智能算力成为支撑大模型创新的重要基石，据OpenAI测算，大模型训练所需算力每3～4个月增长1倍，增速远超摩尔定律(18~24个月/倍)。

本章结合人工智能时代浪潮下科学研究呈现出的自动化、交叉化和规模化特征，在参考《开放科学建议书》中提及的开放科学理念及主要支柱的同时，从开放科学研究要素、开放科学治理要素、开放科学评价等维度，提出人工智能时代的开放科学框架（图3-2）。

开放科学研究要素是在新一代人工智能浪潮下，符合"计算密集（Computational Intensive）、数据驱动（Data Driven）、基于模型（Model Based）"特征的，支持开放科学相关方开展可持续性研究的基本要素，包括开放数据、开放算力、开放模型和开放设施。科学数据、算力、模型和设施通常由数字化平台或系统进行资源与功能集成，并面向科研人员和公众提供开放科学服务。

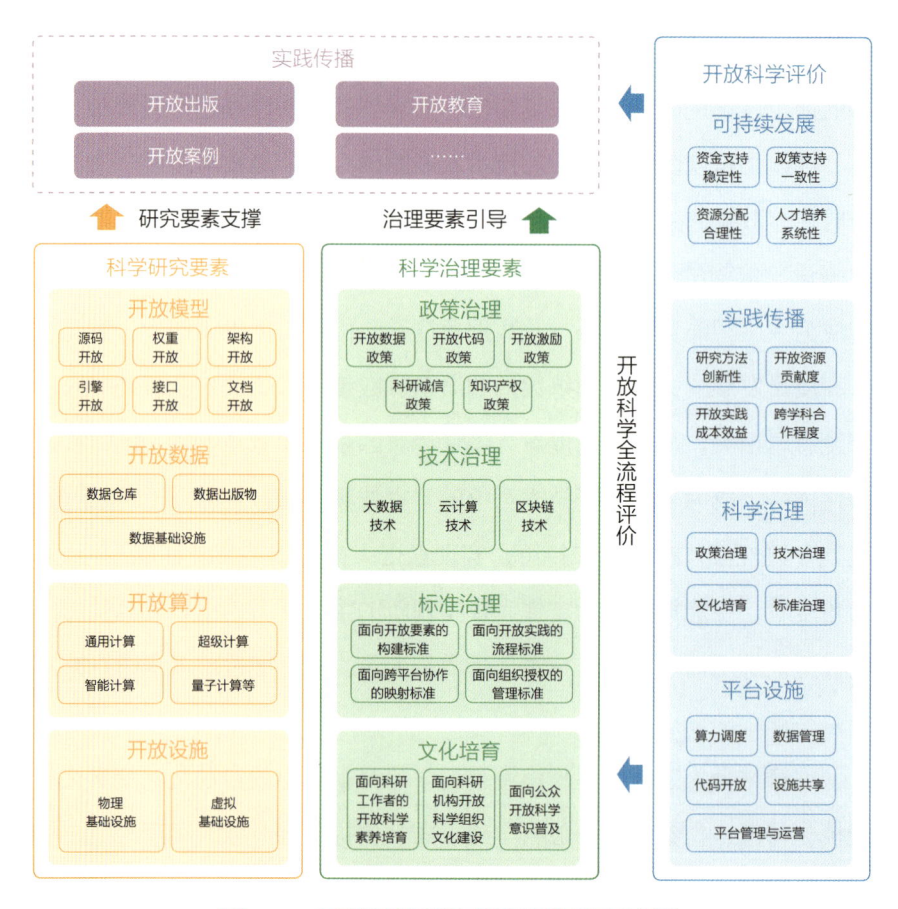

图 3-2　人工智能时代开放科学框架示意图

其中，科学数据作为科技创新基础性战略资源，对推动科学技术向前沿迈进至关重要，即使数据开放获取活动已经取得显著成效，但仍面临国家（地区）数据开放获取发展不均衡、数据资源所有者开放共享意愿低、数据知识产权保护和使用边界模糊等系列挑战，以上挑战制约了科学数据开放获取在全世界范围内的推行进程。

计算能力是驱动科技创新和科学发现的关键物理支撑，智能算力的地位在人工智能时代尤为凸显,以大模型为代表的人工智能模型训练高度依赖于智能算力的性能与规模,如何为开放科学相关方提供公平、高效、安全的算力服务是开展算力开放运营需要直面的问题。

人工智能时代的科学模型突破了需要针对特定任务场景专门建模的局限,开始展现出对多领域、多学科知识的学习、理解与推理能力,在海量高质量训练数据、语料和高性能算力的支撑下,以大模型为代表的人工智能技术正赋能科学模型的通用能力发生质的飞跃。由于训练大模型所耗费的数据和算力资源巨大,要求研究者具有人工智能相关领域的理论与实操技能,其余学科难以从零开始训练特定领域的科学模型,因此,引导科学模型有序开源开放成为推动人工智能赋能多学科领域、提升科学研究质效的有效路径。

科学基础设施是实现科学前沿革命性突破、解决重大战略科技问题的大型复杂科学研究装置或系统,是生产、承载、加工、集成、开放科学数据、算力和模型的重要载体。尤其是随着虚拟科学基础设施以及相关技术的发展,越来越多的开放科学要素在科学基础设施上实现了集聚融合与开放,有效打破了传统科研生态中时空、学科、知识产权等多方面的障碍,极大促进了科学模型、科学数据、科学算力及其相关工具与载体的共享使用和迭代创新。

开放科学治理从政策、技术、文化、标准规范等方面为开放科学体系的构建和开放科学活动的开展提供治理支持,是驱动相关方践行开放科学,持续推动科学研究要素价值释放的重要机制保障。政策作为开放科学治理体系的基石,为开放科学实践提供清晰的指导框架和必要的支持机制。技术作为人工智能时代开放科学治理的重要支撑,帮助促进开

放资源的有效存储、高效处理、有机共享乃至融合创新。文化是推进开放科学不可或缺的一环，旨在营造一个兼容并包的科学环境，鼓励开放科学主体的积极参与与充分交流。标准的制定与实施则为深化治理体系提供了重要保障，确保了开放科学体系常态化平稳化运行。

开放科学评价是科学成果实践传播的必要前提，通过建立一个多层次、多维度、可持续的开放科学评价框架，评估开放科学在促进科学进步、推动科学民主化、提升科研透明度和社会创新等方面的贡献与影响，为开放科学的实施进程与成效提供全新的评估视角，为政策制定和资源分配、相关机构优化开放科学策略提供参考。

本章小结

本章第一节通过对联合国教科文组织《开放科学建议书》中四大支柱的剖析，阐明了开放科学不仅是科研成果的简单共享，更是科研全过程的透明化、协作化与创新化的集中体现。开放式科学知识强调所有人都应能获取到科学出版物、研究数据、软硬件等资源，无论其背景、国籍或条件如何，从而促进知识的普及与共享。为了支持这一目标，开放科学基础设施提供必要的虚拟和物理资源，如主要科学设备、开放获取平台、数据存储库及协作计算服务等，以满足不同科研社区的需求，推动协同创新。此外，社会行为者的开放式参与鼓励科学界以外的公众通过众筹、众包及志愿服务等方式互动，拓展科学研究的边界。与此同时，开放式对话倡导不同知识体系间的交流，承认并尊重各种知识的多样性，吸纳被边缘化群体的知识，促进不同认识论的互补与合作，确保知识利益的公平分享。

第二节结合科学范式的重要发展阶段，阐明当前科学研究在人工智能技术的驱动下正在向"第五范式"变革。随着科学研究向极宏观、极微观、极端条件、极综合交叉迈进，科研模式也从"作坊式"转向"安卓式"，平台科研成为主要科研模式，与开放科学所倡导的"参与、分享、合作"理念十分契合，平台科研呈现出自动化、交叉化和规模化等

需求特征。本节在继承开放科学理念精髓的基础上，综合考量开放科学研究、系统治理、科学评价等开放科学重要研究维度，创新提出人工智能时代的开放科学框架，以期为科研工作者解决全球性挑战提供全新的研究视角与思路。

第四章

开放科学研究要素

随着科研范式的迭代发展，科学研究越来越依赖于算力、数据、模型、设备等多种要素的持续投入，而人工智能技术，尤其是生成式人工智能在科研领域的广泛应用，进一步凸显了要素规模化的重要性。规模化要素获取门槛高、分配不均衡等问题加剧了科学界的贫富分化，威胁了科学研究的透明性与多样性。本章承接前文提出的人工智能时代开放科学框架，重点论述数据、算力、模型等人工智能时代关键科学研究要素的开放现状与挑战，提出科学研究要素开放的未来图景，以期为科学领域的要素开放提供一些借鉴。

第一节

科学数据开放获取

作为开放科学的核心要素，科学数据是国家科技创新和经济社会发展的重要基础性战略资源。为抢占大数据战略高地、保持国家竞争力，美国、欧盟、英国等经济体相关利益群体相继颁布针对性政策，用于保障和规范科学数据的开放获取实践[1]。随着我国科技投入不断增长，科技创新能力不断提升，科学数据呈现出"井喷式"增长，而且质量大幅提高。海量的科学数据给生命科学、天文学、空间科学、地球科学等多个学科领域的科研活动带来了冲击性影响，驱动科学研究方法发生了重要变革。本章节系统梳理了科学数据开放获取的内容、形式、面临的挑战，并对其未来的发展做出展望。

> **专题讨论**
>
> **科学数据开放获取的发展特征**
>
> 科学数据开放获取打破了传统科研体制下的信息垄断，通过

---

[1] 范昊，郑小川，热孜亚，艾海提. 我国科研数据开放共享政策供需匹配研究[J]. 信息资源管理学报，2023，13（6）：156-165.

建立开放、公平的学术交流机制，不断提升科学研究的公平性、质量、有用性和可持续性。利用科学知识图谱可视化（Visualization Mapping Knowledge Domain）分析[1]方法，有助于客观了解全球科学数据开放获取研究领域的基本特征和发展趋势。以 Web of Science 核心合集数据库为数据来源，构建检索条件为 "topic = 'open access' and 'research data' or 'academic data' or 'scientific publication' or 'scientific data' or 'science data' or 'science database'"，"topic = 'open access' and title = 'publication'"，检索到符合条件的论文 931 篇。论文发表时间跨度为 2004~2024 年，截止时间为 2024 年 8 月 20 日。研究者对论文的发表时间、所属国家/地区、主要研究机构、所涉及研究领域等进行分析，深入挖掘全球范围内科学数据开放获取的发展与特征。

参与研究的地区范围不断扩大

以美国、英国和欧盟为主的发达经济体高度重视科学数据的开放获取，认为这是改变全球经济和社会的强大力量，积极参与并推动这一趋势发展。如美国于 20 世纪 90 年代初就把开放共享数据政策列为基本国策[2]，英国于 2001 年投资启动为期 6 年的 "E-Science 核心计划"[3]等。对论文的全部作者所属国家/地区字

---

[1] 刘扬. 国内开放获取研究的主题及其演进——基于 CiteSpace 的知识图谱分析 [J]. 新媒体公共传播, 2024（01）: 154-169, 206.

[2] 储节旺, 汪敏. 美国科学数据开放共享策略及对我国的启示 [J]. 情报理论与实践, 2019（08）: 6.

[3] 张耀南, 任泽瑶, 康建芳, 李红星. 英国科学数据发展政策与规划 [J]. 中国科学数据（中英文网络版）, 2024, 9（01）: 21-35.

段进行计量统计，结果（图4-1）表明科学数据开放获取领域的研究主要集中在欧美等发达国家。美国、英国、德国和西班牙4个国家的发文量超过一半，其中美国以200篇论文位居第一，占比约23%，数量和影响力都在全球处于领先地位。我国以67篇排名第五，占比仅约7.2%。

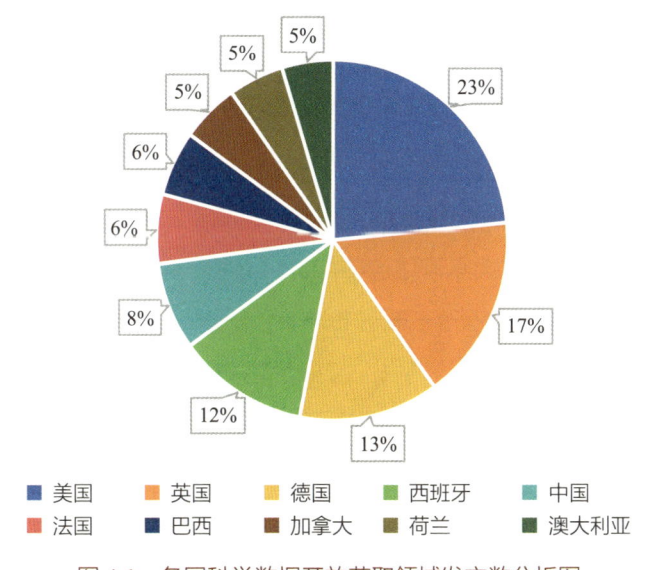

图4-1 各国科学数据开放获取领域发文数分析图

随着科学数据对科学研究和科技创新的作用不断彰显，越来越多的国家和地区开始重视科学数据的开放获取，并不断参与到这一行动中来。以5年为步长，对该领域包括中国在内的发文量前20名国家进行统计，结果（表4-1）表明，

美国是一直保持发文量最多的国家,且增速显著,牢牢占据全球核心地位;中国、西班牙、巴西等国家在 2009 年以前发文量较少,但在 2014 年以后迅速发展,成为该领域的重要参与者,表明各国对科学数据开放获取的重视程度在不断提升,相关研究数量激增。

表 4-1 科学数据开放获取领域发文量前 20 名的国家发文量统计
（单位:篇）

序号	国家	2004—2008 年	2009—2013 年	2014—2018 年	2019—2023 年
1	美国	16	24	53	95
2	英国	11	19	45	63
3	德国	15	13	27	49
4	西班牙	5	9	23	60
5	中国	0	5	11	47
6	法国	5	4	12	28
7	巴西	2	4	9	32
8	加拿大	2	8	9	23
9	荷兰	4	2	11	24
10	澳大利亚	2	7	13	18
11	意大利	1	6	7	23
12	印度	1	2	7	23
13	瑞士	1	5	11	18
14	瑞典	2	3	14	12
15	比利时	3	2	5	16

续表

序号	国家	2004—2008 年	2009—2013 年	2014—2018 年	2019—2023 年
16	日本	0	2	10	10
17	丹麦	4	4	2	10
18	芬兰	3	3	6	8
19	葡萄牙	0	2	3	14
20	挪威	0	3	5	9

跨学科合作成为研究的重要方式

随着科学数据开放共享的不断推进，不同学科之间的知识得到互补、技术得到创新，国际化跨学科合作日益增多。参与开放的学科逐渐从产业化程度较高的医疗健康、安全、能源等领域，蔓延至其他结构化、数字化水平较高的理工科及人文社科等领域，并不断诞生学科交叉融合的新方向。如计算社会学利用计算机技术和算法，通过处理和分析大规模社会数据来揭示社会现象的发展规律和趋势。

由于 Web of Science 类别以整本期刊为单位进行分类，期刊中的所有文章都会分配到期刊对应的 Web of Science 类别，因而在对所检索到的论文进行分析时，仅能考虑论文所在期刊的类别。经统计（表 4-2），科学数据开放获取领域所有发文共涉及 181 个 Web of Science 类别，覆盖情报学与图书馆学、计算机科学、医学、教育学等多个学科。其中，计算机科学相关领域（包括跨学科应用、信息系统、理论与方法、人工智能、软件工程）

的发文量最高，合计 310 篇，占比 33.3%；大部分与科学数据开放获取相关的论文发表在情报学与图书馆学类期刊，发文量为 277 篇，占比约 29.8%；跨学科应用（计算机科学、社会科学、化学）和多学科科学领域的发文量为 204 篇，占比约 21.9%。由此可见，在科学数据开放获取研究领域，跨学科应用和多学科研究已成为重要的研究方式，尤其是基于计算机科学的跨学科应用（占比 12.78%）占据了重要地位。

表 4-2 科学数据开放获取领域发文最多的前 20 个类别

序号	Web of Science 类别		发文量	占比
	中文名	英文名		
1	情报学与图书馆学	Information Science & Library Science	277	29.75%
2	计算机科学，跨学科应用	Computer Science, Interdisciplinary Applications	119	12.78%
3	计算机科学，信息系统	Computer Science, Information Systems	95	10.20%
4	医学，普通内科	Medicine, General & Internal	54	5.80%
5	计算机科学、理论与方法	Computer Science, Theory & Methods	50	5.37%
6	多学科科学	Multidisciplinary Sciences	49	5.26%
7	教育与教育研究	Education & Educational Research	37	3.97%
8	公共、环境和职业健康	Public, Environmental & Occupational Health	32	3.44%

续表

序号	Web of Science 类别 中文名	Web of Science 类别 英文名	发文量	占比
9	计算机科学，人工智能	Computer Science, Artificial Intelligence	26	2.79%
10	环境科学	Environmental Sciences	24	2.58%
11	医疗保健科学与服务	Health Care Sciences & Services	24	2.58%
12	通信	Communication	23	2.47%
13	外科	Surgery	23	2.47%
14	医学、研究和实验	Medicine, Research & Experimental	22	2.36%
15	计算机科学，软件工程	Computer Science, Software Engineering	20	2.15%
16	社会科学，跨学科	Social Sciences, Interdisciplinary	20	2.15%
17	化学，多学科	Chemistry, Multidisciplinary	16	1.72%
18	基因和遗传学	Genetics & Heredity	16	1.72%
19	生物多样性保护	Biodiversity Conservation	15	1.61%
20	生物化学与分子生物学	Biochemistry & Molecular Biology	14	1.50%

开放获取的形式载体日趋多样化

随着大数据、云计算、人工智能等技术的不断发展，应用于开放获取的形式不断丰富、载体更加多样化。除传统的数据存储和共享，还包括数据管理平台、科学数据中心、科研共享平台、

> 预印本服务器等多种形式，为科研人员提供了更多的数据存储、管理和发布服务，有效推动了科学数据的开放获取和利用，加速了科学合作和发现。
>
> 如 Journal of Brief Ideas 是一个新型的科研网站，与传统的学术论文出版模式不同的是，它可以接受 200 单词及以下的文章，帮助那些不适合发表或不符合期刊标准的论文得以问世，包括研究思路和研究结果。发表在 Journal of Brief Ideas 上的文章仅采用发表后评议，且会有相对应的 DOI、题目等信息要素，方便文章可作为参考文献被引用。

一、科学数据开放获取的现状

科学数据是指研究人员在工作过程中通过实验、观察、建模、访谈或其他方法收集的定量信息或定性陈述[1]，以及为进行验证、决策、推理、讨论以及计算所使用的信息。科学数据包括统计数据、数字图像集、录音、访谈记录、调查数据和带有适当注释的实地观察、解释、艺术品、档案、发现的物品、出版的文本或手稿等，其目的是为支持或验证一个研究项目的观察、发现或产出提供必要的信息。

---

[1] Paul A D. Understanding the emergence of "open science" institutions: Functionalist economics in historical context [J]. Industrial and Corporate Change，2004，13（4）：571-589.

（一）科学数据开放获取形式

可开放获取的科学数据来源主要有两类，一是行业部门长期采集和管理的科学数据，如天文科学、空间科学、卫生健康等数据；二是各类国家资助的科研计划项目所产生的研究数据。长期以来，"获取科学数据难"一直是科研工作者反映比较集中的问题之一。开放获取的目的就是让任何人都可以自由地获取和使用这些科学数据，减少限制或约束。根据数据存储的形式和平台不同，当前科学数据开放获取的途径主要有以下三种。

1. 数据共享平台

指从数据要素价值释放的角度出发，在网络、云平台等设施的支持下，面向社会提供一体化数据汇聚、处理、流通、应用、运营、安全保障服务的新型基础设施，包括科学数据中心、政府数据中心、科研合作平台等。

科学数据中心，以某个特定领域科学活动中所产生的科学数据为核心，实现数据资源、软件工具、数据分析等资源能力的汇交和共享，面向全球提供高效的数据服务，加速和推动该领域基础研究以及多学科交叉研究和应用。如美国国家航空航天局（NASA）天体物理数据中心，我国于2018年组建的首批20个国家科学数据中心等。

政府数据中心，汇聚政府各部门的统计和业务数据，如人口发展情况、经济发展指标等，旨在促进不同机构、平台之间的资源共享和协同管理。其通常覆盖国家、省、市三级，横向对接所辖区域政府部门各类数据和信息，形成横向联动、纵向贯通的数据共享交换体系。如美国官

网数据超市、英国国家数据中心、中国国家数据中心等。

科研合作平台，主要指通过网络平台架构，为科研人员提供交流讨论、合作研究、数据开发的平台。如在 ResearchGate 上，科学家可以分享科研成果、学术著作，并随时查看关于研究成果的评论、下载和引用的统计数据，或参加科研论坛和兴趣小组；数据科学竞赛平台 Kaggle，通过提供数据、举办线上竞赛，吸引大量研究人员开发算法解决方案。

> **典型案例**
>
> **中国国家天文科学数据中心**
>
> 链接：https://nadc.china-vo.org/
>
> 国家天文科学数据中心（National Astronomical Data Center，NADC）是由科技部、财政部认定的国家科技资源共享服务平台，属于基础支撑与条件保障类国家科技创新基地。该中心上级主管部门是中国科学院，依托单位是中国科学院国家天文台，现设置有 5 个分中心：丽江分中心、粤港澳大湾区分中心、技术研发创新中心、教育研发应用中心和之江实验室分中心。
>
> 该中心履行国家科学数据中心、中国科学院科学数据中心体系学科中心的职责，负责汇交管理、整编、集成天文学科领域的科学数据和期刊论文关联数据，制定相关标准规范，建设天文数据资源体系，优化完善天文数据开放共享服务平台，提供多源数据服务，建立数据挖掘分析与学科应用平台，促进天文学科领域科学数据的深度应用，开展科学传播和国际合作交流。

2. 数据仓库

是指以数据存储与开放为主要目的，按照数据结构来组织、存储和管理数据的系统，一般仅提供查询和下载功能，包括数据存储库和文献存储库。

数据存储库，以数据集的形式组织各类科学研究数据，以接口的形式提供开放获取。如美国国家航空航天局积极推广建设生物学数据库 GeneLab；英国社会科学数据档案馆（UK Data Service）拥有超过 8 万个数据集，包括调查数据、实验数据、统计数据等；中国科学院科学数据库基于中国科技网对国内网用户提供服务，涵盖化学、生物、天文等多个学科；英国建立的生物样本库（UK Biobank）是目前世界上最大、最全面的生物医学数据库和研究资源之一，英国生物样本库制药蛋白组学项目采用 Olink Explore 平台对 54406 人参与的蛋白组学项目进行系统研究，首批蛋白组学数据在 UKB 官网公开共享。

文献存储库，是指通过计算机可读的形式，有组织地将相关文献的信息进行编码，按照一定的数据结构进行存储，从而使计算机能够识别和处理。文献存储库包括全文数据库、书目数据库、数值数据库、事实数据库等，以保证文献品质，确保文献能够长期保存和可引用性。常见的文献存储库如 PMC、PubMed、IEEE Xplore 等。

典型案例

美国 NASA GeneLab 太空相关组学数据库

链接：https://genelab.nasa.gov/

作为全球第一个与太空相关的组学数据库，NASA GeneLab 属于交互式的开放资源，包含从航天或航天相关样本中提取的 DNA、RNA、蛋白质和代谢物生成的分子数据，统称为"组学"，包括转录组学、蛋白质组学、表观基因组学、宏基因组学和代谢组学数据。科研工作者可以上传、下载、存储、搜索、共享、传输和分析来自航天和相应模拟实验的组学数据，包括在数据存储库中探索 GeneLab 数据集，使用分析平台分析数据，并使用协作工作区创建协作项目。

GeneLab 的愿景是通过多组学数据驱动的研究来实现科学发现和太空探索。通过向尽可能多的科研工作者开放太空数据，可以让他们充分了解航天对生物系统的影响，推动基因组学领域的发展，并有助于发现疾病的治疗方法，创造更好的诊断工具，让宇航员更好地承受长期太空飞行的严酷考验，为太空环境控制、生命支持等提供研究支持。

3. 数据出版物

由于数据平台存在技术不成熟、不完善等问题，大部分科研人员偏好于通过论文或者成果报告来开放共享自有的科学数据。这些数据一般以预印本或者数字期刊的形式出版，并通过有效的质量管理与控制机制，实现规范可引用的开放共享。

预印本主要用于出版未经同行评议、尚未被传统学术期刊接受的学术论文或数据，一经发表便可以被引用，且不能移除。作者随时可以在预印本平台上更新自己论文修改过后的版本。比较成熟的预印本平台有

bioRxiv、medRxiv、arXiv 等。

数字期刊，是指出版机构在混合型期刊、纯数据期刊等载体上以同时发布数据论文和科学数据集的方式进行科学数据出版。如 Scientific Data 是一本由 NATURE RESEARCH 出版的，经过同行评审的开放获取期刊，用于描述具有科学价值的数据集，以及促进科学数据共享和重用的研究。

> **典型案例**
>
> ### arXiv.org 预印本平台
>
> 链接：https://arxiv.org/
>
> arXiv.org 是全球最大的预印本系统，由美国国家科学基金会和美国能源部资助，目前由美国康奈尔大学管理与维护。作为一个综合性预印本平台，arXiv.org 涵盖物理学、数学、计算机科学、定量生物学、定量金融、统计学、电气工程和系统科学、经济学等学科，是物理学、数学和天文学研究者最常用的检索工具之一。
>
> 预印本没有审查机制，不需要审稿、级别评定等流程，作者只需要将论文提交到该平台上，就可以让所有人免费访问和阅读。通过公开预印本可以提早宣告自己的研究成果，并在接受期刊审查前取得同侪的评论意见作为改善的方向。目前许多领域的研究者在投稿前会先将文章上传至 arXiv.org，过去 20 多年的重要论文几乎都可以在 arXiv.org 上找得到。除上述期刊文章外，arXiv.org 也收集大量研讨会会议论文，专题介绍文章或讲义。

（二）科学数据开放获取的运营模式

科学数据开放获取的运营包括数据的收集、整理、存储、发布、访问控制、数据质量管理以及用户支持等，主要目的是提高科研数据的利用效率，增强科研透明度和可信度，并支持教育和公众知识的普及，推动科学研究和技术创新。

政府主导模式主要是指由政府机构负责，通过跨部门协同的方式收集、管理和发布科学数据资源，鼓励社会主体对公共数据资源进行开发利用，从而形成价值共创的生态。政府部门还可以通过立法、制定政策以及提供资金等方式，推动科学数据开放获取的实施。其优点是有明确的指导和约束，资金和技术资源较为充足，且涉及多个领域和部门，覆盖面较广，能服务于多种研究和应用需求。然而，由于政府机构的运作较为固化，在数据更新、用户反馈等方面往往不够灵活，且数据质量参差不齐，整体可用性较差。具有代表性的有美国 NAIRR 试点项目计划、中国国家科学数据共享平台（NSDSP）等。

学术机构主导模式主要是指高校、科研院所或学术期刊等机构在科学数据开放获取中发挥核心作用，负责收集、管理和发布科学数据。学术机构通常集中在某个特定领域，通过严格的学术标准和审核机制保证数据的专业性、准确性和可靠性。同时，也会根据问题和需求制定相应的规则和标准，来保证科学数据的质量和可重复性。然而，学术机构的资金和资源相对有限，无法支持大规模的数据收集和管理，且覆盖面较窄，难以满足多样化的交叉学科研究需求。

合作伙伴模式强调多方合作，由政府、学术机构、企业、非营利组织等不同机构共同参与，通过建立合作框架、协议和标准，共同推进科学数据的开放获取，确保数据的协调管理和共享。合作伙伴模式能够整合不同机构的资源和优势，数据类型和覆盖面较强，且能根据合作伙伴的需求和反馈进行及时调整和优化。然而，多方合作的科学数据开放获取也可能面临沟通协调难、利益分配不均、数据标准不统一，以及数据安全和隐私保护等问题。具有代表性的有欧洲"开放科学云"、国际大科学计划等。

五、科学数据开放获取面临的挑战

近年来，随着各个国家和地区对开放科学的大力投入，科学数据开放获取的政策和平台建设也有了大幅度提升，科学数据的可及性、可用性有了明显提高，有效推动了科学研究和技术创新，加速了科学发现。此外，政府、企业和公众也能从科学数据中获益，推动经济社会的发展。然而，由于平台建设的不成熟、规范制度的不完善，以及运营模式的不健全，导致科学数据开放获取在实施过程中面临一系列问题，阻碍了其进一步发展和应用。

（一）科学数据开放获取发展不均衡

数据资源是科学数据开放获取的基础要素，决定了开放获取的程度。由于各个国家和地区的经济科技实力差异、不同学科领域受到的关注度不同、不同模态数据的自身性质等因素，导致科学数据面临开放不

均的挑战。

1. 地域资源分布差异

发达国家和大型科研机构通常拥有更多的资源和技术，能够收集和管理大规模数据，而发展中国家和小型机构则缺乏相应的信息化能力和技术支持，数据资源较少，且难以实现科学数据访问和共享科学数据。数据资源分布的不均衡，数字鸿沟会导致科学研究能力的差异进一步扩大。如相对于美国和欧洲拥有大量的科学数据资源，非洲和南美洲的数据资源相对较少，导致该地区科学研究的进展受到明显限制。

2. 学科领域发展不均

学科本身的性质差异、从事研究的科研人员数量，以及是否为新兴领域，都会导致不同的学科之间存在显著的数据资源差异。如生物医学领域的数据资源非常丰富，有基因、细胞、组织器官等多个层次，数据积累速度非常快，而一些冷门、新兴学科的数据资源则相对匮乏。学科间的资源不均会影响跨学科合作，因为数据量少而难以吸引合作伙伴，进一步加剧学科发展的不均衡。

3. 数据模态存在差异

由于技术的发展存在先后差异，不同模态的数据在收集和共享方面也存在较大不同。如早期的科学数据一般采用文字或图像的形式进行记载，在收集、处理上有着先天的优势，相应的技术和标准都比较成熟。然而，诸如声音、视频、生理信号等其他模态的数据，则由于发展和积累的时间较短、资源较少、技术也相对薄弱，导致不同模态的数据量存在明显差异，不同模态数据用于科学研究的协同性较弱。

（二）科研人员开放共享的意愿较低

科学数据开放获取是一种涉及科研人员、科研机构、监管部门、数据用户等多个主体的主观行为。其中，科研人员承担着生产者、传播者、管理者和利用者的角色，其个人意愿会显著影响科学数据开放获取的行为。

1. 缺乏奖励和认可机制

现有科研评价体系主要关注论文发表和引用情况，对数据开放共享行为的评价和认可相对较少。对于科研人员来说，数据开放共享行为本身并不能带来直接的学术和经济回报。尽管美国 NSF 认证要求项目申请者必须提交数据管理计划，但也只是通过设置门槛来增强科研人员的数据意识，并非予以奖励或认可。大部分科研资助机构和学术评审委员会都没有将数据共享作为评审和奖励的标准之一，导致科研人员对数据开放共享的积极性较低。

2. 需要花费大量时间精力

相对于传统科研活动来说，科学数据开放获取行为需要科研人员投入额外的时间和精力对研究所产生的数据进行整理和标注，以方便其他科研人员能够理解数据所代表的含义。而数据管理需要一定的专业知识，如对数据进行结构化、标准化处理，增加元数据描述等，对非数据科学研究领域的科研人员是一种额外的负担，再加上没有相应的激励和认可机制，导致其不愿意花费时间和精力进行处理。

3. 开放共享存在潜在风险

由于科学数据开放获取的机制尚未完全成熟，数据开放共享过程中

可能存在公平性、透明度不足等问题，导致利益分配不均，出现纠纷。如部分科研人员担心其开放共享的数据可能会因为语义理解等问题，导致自身的研究成果遭受质疑；也有可能被行为不端的同行竞争者盗用、利用，从而影响他们的学术声誉和科研成果的独占性。因此，即使拥有大量有价值的数据，科研人员依然不愿意公开共享。

（三）科学数据的知识产权保护和使用边界过于模糊

科学数据的生成和使用涉及多个环节和主体，以及不同数据模态和类型。由于各个国家和地区的政策和法规对科学数据有不同的规定和标准，容易导致知识产权归属和使用权利出现争议。

1. 知识产权归属不明确

科学数据在科研工作中占有重要地位，其本身的知识产权归属和权利使用是科研人员工作开展情况的重要体现。然而，由于科学数据的全生命周期包括收集、整理、分析、管理等多个环节，可能存在不同的所有者和使用者。再加上不同国家、地区对知识产权归属有不同的规定，当数据跨境流动和共享时，容易产生冲突和纠纷，导致科学数据的开放获取和共享受到限制。

2. 保护范围不确定

科学数据涉及众多完全不同的学科领域，有着丰富多样的数据模态和数据类型，可能会因为场景的不同而受到不同法律的保护，如版权法（著作权法）、隐私权、人身权、合同债权等多项法定权利的保护。由于不同法律对数据保护的适用性和标准可能存在差异，扩大了数据保护的不确定性和复杂性。如原始数据和经过处理的数据在知识产权保护中的地位和权利可能不同，会影响数据的开放获取和共享。

3. 数据使用许可过于复杂

不同内容的数据由于其敏感度不同、使用场景不同，可能存在不同的使用许可。如部分涉及个人信息的身份验证、医学健康数据仅能用于科学研究，而禁止用于商业用途；个别数据共享平台会对不同类型的数据采取不同的使用许可，限制使用主体和范围。科研人员在开放获取时需要仔细阅读和理解这些许可条款，他们极有可能因为使用门槛过高而放弃使用。

（四）相关主体缺乏一定的数据管理能力

数据管理是利用硬件和技术对数据进行有效的收集、存储、处理和应用，以充分有效地发挥数据的价值。大部分科研机构和科研人员只专注于自身研究领域，在数据管理方面缺乏经验和技术，导致数据质量参差不齐，可用性不高。

1. 资源投入不足

对科学数据进行标准化、规范化管理需要有相应的资金和设施投入。一个大型的科学数据基础设施建设往往需要花费大量的时间、金钱和人力，不是某一家科研机构或某一个科研人员能负担的。而一些商用的数据共享平台主要以商业营利为主，与科学数据之间有较大的适配问题，需要做好经费预算管理并付费购买使用。若科研机构因为经费有限而无法做好相应的投入，则会导致科学数据的可及性和可用性降低。

2. 技术支持不足

对数据的管理需要有一定的技术支持，除用于数据收集和处理，还包括数据修改、更新与扩充等，需要对研究领域和数据技术都有全面的认识。对于科研机构来说，数据管理技术薄弱导致其无法提供大规模的高质量数据，而数据科学家一般只关注通用数据，很少在某一领域深耕精研，双方需要花费大量的时间和精力进行沟通对接。

3. 培训和教育不足

很多科研机构已意识到数据的重要性，提倡和鼓励科研人员积极参与相关的培训和再教育。然而，大多数机构培训以市场为导向，以通用数据为主要内容，课程的整体性、系统性和业务性相对欠缺，对科研人员科学数据管理能力的提升作用有限。尤其是科学数据若缺少必要的元数据描述和溯源管理，会导致数据质量差，降低其可用性和可重复性。

（五）数据开放获取的可持续性差

科学数据开放获取的可持续性是指长期保存和管理数据，定期做好更新和维护，以便用于长时间使用和共享。由于缺少完善的机制，广大科研机构和人员对数据的运营意识不足，数据没有得到妥善保存和可持续性运行。

1. 缺少长效运行机制

科学数据的保存是一项长期工作，不仅要有高昂的经费支持，更需要健全完善的机制作为保障，包括数据的统一标识、访问支持和引用规范，数据的保存、更新、维护和运营机制等，可以帮助激发各方主体参与数据开放获取的积极性。当前，关于数据的统一标识、访问支持和引用规范，已有相关的政策支持，但对于如何管理和运营科学数据，尤其是如何让科学数据产生收益来覆盖运营成本，仍缺少共识，各方参与的积极性不高。

2. 数据更新和维护不足

大部分科研人员缺少数据运维的意识，认为数据使用是一次性工作，研究结束后就不再定期更新和维护，导致数据的时效性和可用性较低，无法重复、长期使用。部分科研项目在结束后，没有对数据进行应有的归档处理，随意存储在个人电脑、移动硬盘或临时服务器上，以及部分科研机构的数据存储设备老旧、技术落后，备份和灾备措施不足，导致大量有价值的科学数据丢失或难以访问。

尽管科学数据开放获取面临着诸多问题，但通过国际合作、技术援助、政策引导、培训教育等措施，可以有效克服问题，真正发挥科学数据开放获取促进科学研究、技术创新和社会进步的潜力。

六、科学数据开放获取的未来图景

近年来，以大模型为代表的人工智能技术日新月异，对科技创新、经济社会的发展均产生了巨大的推动作用，也必将为科学数据的开放获取带来新的机遇和可能性，如用于开放获取的技术、科学数据的治理与管理、对数据的隐私与保护、数据的跨境流动与共享等。

（一）开放获取的技术进一步创新与发展

大数据、云计算、人工智能等技术的快速发展，为科学数据的开放获取提供了更为坚实的技术基础和更多的实现途径。云计算服务的普及，为科研机构和个人提供了更加灵活、高效和便捷的数据存储服务；大数据平台的应用，可以让科研人员更加方便地获取和处理海量科学数据；人工智能技术的广泛应用，帮助科研人员更高效地分析和挖掘数据，从而加速新的科学规律和知识的发现，大幅提升科学数据的可用性和科研价值。如欧洲开放科学云通过构建统一的数据门户和服务目录，实现了多元、跨学科的数据集成与开放共享，有效推动了跨领域的数据共享和整合，促进交叉学科的创新。

（二）科学数据管理与治理进一步完善

随着数据量的增加和数据类型的多样化，科学数据的管理变得更加复杂和重要。统一的数据标准、规范的管理流程、健全的管理机制，可以显著提高数据的质量和可用性。同时，通过开发和应用先进的数据管理工具，可以提高数据管理的效率和便捷性。如美国国家自然科学基金会（NSF）要求所资助的科研项目在项目申请阶段必须提交"数据管理计划"（Data Management Plan，DMP），并将其作为项目审核的先决条件和重要评判依据，以加强对所资助科研项目产出的科学数据的管理。

（三）科学数据隐私保护与安全性进一步提升

随着科学数据的不断开放，各国和地区对数据的隐私保护和安全性意识也越来越高，纷纷通过出台法律、健全制度、完善技术等措施来确保科学数据的安全开放和使用。如隐私计算作为一种面向隐私信息全生命周期保护的计算理论和方法，通过结合密码学和可信硬件两大领域的技术，包括多方安全计算、联邦学习、可信执行环境等，既能不泄露原始数据，又能实现数据的共享、互通和建模，从根源上切断对人的信任依赖，有效维护国家数据安全，保护个人信息和商业秘密，促进数据高效流通使用。

（四）科学数据的跨境流动和共享进一步加强

科学研究具有全球化和跨学科的特点，科学数据的跨境流动和共享对于促进全球科学合作和知识共享具有重要意义。随着国际合作的加强、国际化数据共享平台的建立，以及跨境数据共享机制的完善，科学数据的跨境流动和共享将进一步加强。如我国深圳已率先建立数据跨境流动服务平台，通过探索数据资源共享的利益协调保障机制，完善数据跨境流动规则，明晰数据资源整合规则，有效提升数据开放的力度和深度。

未来，科学数据开放获取将继续得到全球科学界的重视和推动，为科学研究和社会进步带来更多助力。我们期望，通过持续的努力和合作，科学数据开放获取能够实现更大的发展和应用，为全球科学研究和社会进步作出更大的贡献。

第二节

科学算力开放运营

科技发展将计算推到了创新能力建设的核心位置,算力已成为支撑科学研究最重要的资源之一。然而,科学界目前普遍面临计算资源供给不足、质量不高、配置不均衡等问题,科技创新的效率与多样性受到极大抑制。因此,本节将系统概括当前科学领域计算资源发展开放现状;分析算力作为一种具有排他性与竞争性的产品,在开放科学实践中遇到的主要问题和挑战;提出科学算力高水平开放的未来图景,推动通用计算、智能计算、专用计算、量子计算等各类计算资源的高效合作共享,为来自各方的科学参与者提供高质量的普惠计算资源。

> **背景资料**
>
> **计算能力始终是推动科技发展的关键支撑**
>
> 从古巴比伦人使用泥板和数表研究新月出现的时间,到古希腊人发明安提基特拉机械计算天体位置,再到如今我们应用智能计算集群加速探索快速射电暴,计算能力始终是人类发现和探索自然与社会规律的关键助力,计算能力的持续增长不仅加速了科

学研究的步伐，更深刻地改变了我们认知世界的方式。

早期计算工具。数字概念的发明及其书写记录方法代表了人类计算能力的第一次飞跃，它让人类能够通过抽象的数字记录实现跨时域的分步数学计算，为发展更加复杂的计算工具提供了基础。随后，各类文明发展出了算筹、算表、安提基特拉机械等计算工具。例如古巴比伦人发明了用于记录平方、立方、倒数结果的数表；中国在周朝发明了算筹，通过摆放不同长短的小棍子，用于数字的记录、列式与计算，并至宋代演化成了能够加速基本算术运算的算盘；古希腊人于公元前100年前发明了拥有不少于30个齿轮的安提基特拉机械。机械可以根据输入的日期，计算出日月或行星等其他天体的位置。

近代计算工具。1621年英国数学家奥特雷德根据对数原理发明了圆形计算尺，并经过多次迭代，成为可以进行乘、除、乘方、开方以及三角函数、指数函数等计算的复杂计算器，并一直使用到袖珍电子计算器面世。后来法国数学家帕斯卡、德国数学家莱布尼茨、英国数学家巴贝奇等先后发明了帕斯卡加法器、莱布尼茨的步进计数器等手动或自动机械计算装置，为现代可编程计算机提供了二进制、寄存器等基本设计思想，也为牛顿、高斯等科学家发现与研究自然规律提供支撑。

现代计算工具。经过制表机、机电式计算机等不同计算机形态的过渡，于1939年出现了第一台电子计算机样机。1946年，世界第一台通用电子数字计算机ENIAC问世，比当时最快的计算工具快1000多倍。1951年，第一台基于冯·诺依曼架构的电子

计算机 EDVAC 正式运行。之后，在 1950 年到 1980 年，电子计算机经历了晶体管替代真空管、集成电路替代晶体管、微处理器出现等技术迭代，计算性能快速提升、计算成本不断下降，并开启了摩尔时代。电子计算机成为各科学领域研究的标准配置，推动了计算模拟、数据挖掘等科研范式的快速兴起，极大地加速了现代科学的发展。例如，约翰·冯·诺依曼和气象学家朱尔·查尼等人在 20 世纪 40 年代末利用 ENIAC 进行了数值天气预报的早期实验，奠定了现代气象学的基础。1950 年代，计算机被用于进行早期的分子动力学模拟，奠定了计算化学、计算材料等科学领域的基础。20 世纪 60 年代，计算机被用于分析和处理 DNA 序列数据，促进了分子生物学的发展。20 世纪 70 年代，计算机被用于分析粒子碰撞数据，帮助发现了新的基本粒子，加速了高能物理的发展。

如今，随着摩尔定律渐近极限，计算机研究者通过量子计算突破传统冯·诺依曼架构，通过并行计算、云计算、智能计算等技术实现分散计算资源的高效聚合与集成。用于探索自然规律的计算资源在质与量上均得到了进一步提升。基于大规模算力的科研成果快速涌现，算力密集、数据驱动、基于模型的科研范式加速发展。但同时我们也关注到，这一范式的爆发性增长在无形中提高了相关科学研究的计算门槛，科学研究者普遍面临计算资源供给不足、质量不高、配置不均衡等问题，对科技创新的效率与多样性产生了威胁。

一、科学算力开放现状

（一）科学范式发展驱动开放算力结构多元化

自电子计算机问世以来，随着计算机技术以及科学研究范式的不断演进，科学领域应用的计算资源也发生了巨大变化，通用计算、超级计算、智能计算等多种算力纷纷开放应用，为科学研究提供了丰富的算力支撑。

通用计算算力：通用计算算力是以中央处理器为核心计算单元，具备数值计算、逻辑运算等多种计算能力的可编程、可扩展的计算资源。通用计算算力可用于解决大部分计算任务，广泛应用于物理现象模拟、基因序列分析、大规模天文学数据处理等，是 20 世纪推动科学发展的关键力量，支撑了数据挖掘与计算模拟驱动的科学范式的萌芽和发展。然而，随着现代科学研究的不断深入，基因组学数据、天文观测数据、地理信息数据、高能粒子数据等科学数据规模呈指数级增长，分子动力学计算、气候模拟、宇宙学研究等科学计算任务的复杂性与计算精度快速提高。为此，各领域科学家和计算机科学家积极合作，针对复杂计算问题开发了大规模并行计算的方法并推动了超级计算机的诞生。

超级计算算力：超级计算机通过海量高性能计算单元的高效并行，达到了远超传统通用计算算力的性能，从而帮助科学家处理更大规模的数据集，并以更快速度完成复杂的科学计算任务，为实现更高精度、更大规模的量子化学计算、极端气候模拟以及地震模拟等提供了支撑。超级计算机自问世以来，经历了向量计算、并行计算、异构计算等多种计

算形态，并成为各国计算机研发水平的重要标志。自 1993 年起，国际上每年都会按 Linpack 的测试性能公布在世界范围内已安装的前 500 台高性能计算机排行榜，截至 2024 年 5 月，世界最先进的超级计算机算力已经达到 1.206 EFlops。此外，值得一提的是，在使用超级计算机执行科学计算任务时，领域科学家往往要与计算机专家一起对计算方法进行特别的并行设计，以适应超级计算机软硬件系统的复杂性。同时也出现了为特定任务而专门设计的超级计算机硬件架构，例如 GRAPE（Gravity Pipe）是一种专门设计用于处理大规模 N 体问题的超级计算机，主要用于天体物理学中的引力模拟。而这种软硬件协同一体的趋势将在智能计算算力的应用上得到充分体现。

智能计算算力：人工智能技术的发展使得深度学习网络这一特殊的模型结构具备了在科学研究上的广泛适用性。在数学领域，FunSearch 将自然语言模型与进化算法结合，成功解决了纽结理论和表示理论中困扰了研究者数十年的数学难题；AlphaGeometry 将自然语言模型用于合成训练数据和思路启发，与符号推理引擎相结合，用于求解奥林匹克竞赛级别的几何问题，正确率达到了金牌得主的平均水平。在生物领域，AlphaFold 系列模型通过对深度学习网络模型架构的不断优化，从卷积神经网络、Transformer 架构迭代到扩散模型和 Evoformer 架构，实现了对蛋白质结构、蛋白质与其他物质间相互作用的准确预测，准确率最高达 76%。在材料领域，GNoME 将图神经网络和主动学习方法相结合，预测出了 38 万种新的稳定晶体结构，其中有 41 种新材料在实验室中被成功合成。在气象领域，GraphCast 基于图神经网络，可以使用单个谷歌云 TPU v4 服务器在一分钟内生成准确的 10 天预报。这些重大科学研究成果都离不开与深度学习模型相适应的计算能力——智能算力的支撑。智能算力主要是指使用图形处理器（GPU）、张量处理单元（TPU）、神经网络处理器（NPU）等专用硬件大幅加速神经网络中张量计算速度的算力。目前随着大模型的发展，智能算力也呈现出超算化特征，即通过大量的智能计算单元并联实现更高的计算性能。目前最大的智能计算算力设施已达 10 万卡规模。虽然智能计算算力与深度学习方法的结合让科学研究的计算效能得到了重大提升，但是对分子动力学、量子计算方程求解等特定领域科学计算的加速依然不足，计算成本依然过高，并加剧了科学界的"贫富分化"。领域科学家和计算机研究人员还在不断探索量子计算算力、生物计算算力等多种类型的计算算力。

量子计算、类脑计算与生物计算： 量子计算是一种基于量子力学原理调控量子信息单元进行计算的新型计算模式，它利用量子叠加和纠缠等特性，在某些特定问题中实现指数级的计算加速，从而解决传统计算机难以处理的科学问题。世界第一台量子计算机在 2011 年 5 月 11 日发布。截至 2024 年，最先进的量子计算机已经能够实现百比特规模的计算。类脑计算机模仿人脑神经系统的结构、功能，指数级地降低了计算能耗。2004 年首次研制出类脑芯片，目前最先进的类脑芯片在典型视觉场景任务功耗可低至 0.7 毫瓦，最大的类脑计算机能够达到亿级的神经元规模。生物计算机是以核酸分子作为"数据"，以生物酶及生物操作作为信息处理工具的一种新颖的计算机模型。其能量消耗仅相当于普通计算机的十亿分之一，且具有巨大的存储能力。

（二）多方参与促进科学算力开放供给多样化

物理学家狄拉克曾说："对大部分物理学和整个化学，进行数学建模所需要的基本定律已完全清楚，困难只在于这些定律的应用，得到的方程一般都太复杂而无法求解。"目前我们具备的算力相比狄拉克所处的时代已经有了极大的提升，但依然无法弥合物理和化学跨学科的界限，以及微观与宏观跨尺度的海量计算鸿沟。大量科学问题依然在挑战我们的算力极限。此外，算力性能及其使用方法的提升往往会让计算所能解决的科学问题范围随之变大，并对其他范式的科学研究产生替代效应。我们在科研算力供需关系中往往能看到，算力最稀缺的时候总是算力水平阶跃发展的时候，譬如第一台电子计算机的发明，亦如如今智能计算机的出现。

因此，为了算力资源能够更好地服务于科学研究等计算需求，20世纪60年代约翰·麦卡锡提出了"计算机公用事业"的概念，即计算资源可以像水电一样提供给用户。随着互联网兴起以及云计算技术的发展，支撑算力开放共享的技术与公共设施基础逐渐完善，国家公共部门、市场机构、非营利组织等均积极参与到算力资源开放的建设与运营当中，不断丰富算力资源供给。

1. 国家主导建设运营的高性能开放算力资源

随着科学计算需求的不断增长，各国政府为建立科技竞争优势，建设了一批顶尖的国家级公共算力基础设施，这些算力设施通常由政府公共部门或学术机构管理，优先用于保障国家重大科技项目的计算需求。对于其他科研项目的计算需求，一般以项目合作、资源申请审批等模式进行算力资源分配。并通过授予用户算力设施的远程访问权限与批处理任务调度的方式，提供开放的高性能计算服务。同时，随着云计算的成熟，许多国家级算力资源也逐渐转向更加灵活方便的云服务模式，提供 IaaS、PaaS、SaaS 等不同级别的计算服务。

中国自 1983 年第一台超级计算机"银河 I 号"诞生以来，在国家有关部门的大力支持下，中国超算的发展历程实现了从无到有、从受制于人到实现自主可控的转变。2010 年"天河一号 A"超级计算机在全球超级计算机 500 强（TOP500）排行榜上排名第一。2016 年采用完全自主知识产权的申威处理器的"神威·太湖之光"超级计算机成为当时全球最快的超级计算机，峰值性能达到百 P 级（PetaFLOPS）。至 2023 年，我国已建立 14 个国家级超算中心以及中国国家网格等国家级计算基础设施。2023 年，科技部启动国家超算互联网项目，通过在各超算中心之间构建高效的数据传输网络，形成一个一体化的超算算力调度与生态协作网络，以更好地统筹协调全国超算中心算力，并以云的方式对外提供更优质便捷的计算服务。

美国于 1976 年开发了第一台采用向量处理技术的超级计算机 Cray-1。21 世纪第一个 10 年，美国白宫、美国能源部先后推出了国家战略计算计划（NSCI）、E 级计算行动计划（ECI）、先进计算生态系统战略计划（ACE）等政策，旨在打造全球领先的高性能计算软硬件资源与网络基础设施，以确保美国在高性能计算领域的持续领先地位，并为美国在科技领域的领导地位奠定先进计算生态基础。目前，美国已研发了世界首台突破 E 级计算能力的超级计算机 Frontier，建立了带宽达 46Tbps 的连接多个高性能计算节点的 ESnet6 高速网络，并通过先进网络基础

设施协调生态系统（ACCESS）项目为科学研究人员提供便捷高效的一体化计算与数据服务。同时，鉴于人工智能技术对科学研究的变革性影响，2024年美国启动了 NAIRR 计划，旨在通过聚合各方算力，形成每年 140~180 百万小时*4GPU 卡的算力资源池，相当于每年可支持 75 000 名研究者有足够的算力资源解决 GPT-3 级别的计算问题。科研人员现在能够方便地在 NAIRR 上申请亚马逊云、微软云以及超算中心等智能算力资源，并获得算力资源规划、管理等相关服务。

欧盟先后实施了欧洲先进计算伙伴计划（PRACE）、欧盟地平线（Horizon Europe）计划、欧洲高性能计算技术平台（ETP4HPC）、欧洲极限数据与计算项目（EXDCI）、欧洲高性能计算联合体计划（EuroHPC）等项目，旨在联合欧盟各成员国共同开发、部署世界领先的超级计算机、量子计算机等高性能计算基础设施，发展开放共享的高性能计算资源，并进一步扩大超级计算机的使用范围。目前已经部署了 LUMI、MareNostrum 5、Leonardo 等多台超级计算机，为气候预测、药物开发等科学研究提供了强大的计算能力。

2. 机构提供的开放算力资源

国家主导的高性能算力设施主要适用于超大规模的科学计算任务，申请与使用门槛相对较高。因此，对于科研团队自有算力无法满足的中等规模计算任务，往往可以通过租用一些机构的计算服务来解决。**以云服务商为代表的商业机构为科学研究提供算力服务**。随着云技术的快速发展，形成了亚马逊、微软、阿里巴巴等云算力服务提供商，为科学研究提供了更加灵活完善的科研算力解决方案。这些算力资源一般以市场化的方式提供，科研人员可以通过云服务厂商的网站便捷地申请到所需的各类算力与软件服务资源，以便快速搭建科学研究所需的计算环境，且主流云服务厂商均有面向教育或科研的优惠计划以及定向资助的免费算力资源，以降低科研人员的算力使用成本。此外，云服务厂商还推出了"科研云"等针对科研领域算力使用特点的专业化云服务方案，帮助高校等科研机构实现计算资源的云化升级。**科研机构自有算力对外开放**。许多科研机构拥有自建的算力中心，为了更高效地使用这些资源，服务科技创新，部分机构在满足自身算力需求的同时，对外提供非营利性的算力服务。例如，之江实验室的之江人工智能公共算力开放创新平台、鹏城实验室的鹏城云脑平台等。外单位可通过项目合作或资源申请等方式，获取低于市场价格的科研算力服务。此外，随着算力资源逐渐成为公共基础设施，许多地方政府也会联合企事业单位投资建设区域性的公共算力中心与算力资源调度平台作为科研算力的重要补充，并通过"算力券"等优惠政策降低科研项目的算力成本。

3. 众包形成的开放算力资源

为了降低科学研究中的算力成本，科学研究者们研发了调度闲置个人计算资源来解决科学计算问题的技术，并形成了伯克利开放式网络计算平台（BONIC）、Folding@home 等多个国际著名的共享计算平台。这些计算平台的算力资源一般由个人或机构免费提供，平台通常以积分或证书形式给予形式上的激励。伯克利开放式网络计算平台由加利福尼亚大学伯克利分校设计开发，通过汇集全球各地志愿者电脑的 CPU 与 GPU 计算资源，为研究者的科研项目提供算力支持。2024 年 8 月，BONIC 在全世界有约 34 799 名志愿者，110 024 台电脑，提供约 18.635PetaFLOPS 的运算能力，并支持了上百个物理、生物、天文等领

域科研项目的计算需求，形成论文 900 余篇。Folding@home 是一个研究蛋白质折叠、误折、聚合及由此引起的相关疾病的分布式计算工程，并在 2020 年聚合了 2.43Eflops 的算力，成为世界上第一个 E 级计算系统。

> **典型案例**
>
> ### 美国 NAIRR 项目
>
> 为应对日益增长的 AI 研究所带来的算力与数据需求，美国政府于 2023 年发布 NAIRR（National Artificial Intelligence Research Resource）项目，并于 2024 年初正式启动。该项目由美国国家科学基金会（NSF）与其他 10 个联邦机构以及 25 家私营、非营利和慈善组织合作运营，旨在为美国的研究人员提供全国性的先进人工智能计算基础设施，使学术界的研究人员能够经济便捷地获取高性能计算资源、数据集以及相关的软件工具和培训教育服务，提高人工智能资源的可及性与公平性，从而推动人工智能研究的民主化与创新发展，促进负责任的 AI 使用。
>
> 项目总预算约 26.5 亿美元，其中 22.5 亿美元（每年 3.75 亿美元）用于存储与算力（占大部分）、数据、软件工具等资源的采购，目标形成每年 140~180 百万小时*4GPU 卡的算力资源池（相当于 6 万~8 万卡）。算力资源池能够保障每年 75 000 名研究者有足够的算力资源解决 GPT-3 级别的计算问题，并能够支持万亿参数大模型的训练。目前 NAIRR 已经初步集成 Amazon、Google、Microsoft、IBM 等云服务厂商，NCSA（400 张 A100，

> 400 张 A40)、PSC、Frontera（360 张 RTX-5000）等美国国家超算中心，Indiana（360 张 A100）、Purde（64 张 A100）、Texas A&M（255 张 A100，8 张 H100）等美国高校以及 Nvidia DGX、Cerebras Wafer-Scale Engine 2 等企业集群提供的存储与算力资源。
>
> NAIRR 提供的算力资源需要科研人员基于 CloudBank 的算力评估，以申请的方式获取配额。同时项目基于 CloudBank 提供集成化的云服务资源，并通过免去算力资助资金间接费用、协助制定算力预算、多云资源集成管理与使用策略优化、算力预算控制与管理、以科研为中心的培训与使用支持等，帮助研究人员和教育机构更便捷、更有效、更经济地利用云服务进行科学研究和教学。

二、科学算力开放面临的挑战

算力作为一种产品具有明显的排他性和竞争性，且算力供需双方在算力使用期间长期保持着资源交换关系，因此其开放模式与数据、模型等具资源具有显著差异。算力开放的问题除了"0 和 1"（即是否开放）的问题，还包括 1 到百、千、万的效率问题以及算力使用方对算力供给方的持续信任等问题。

（一）科学算力开放的安全挑战

虽然网络安全、数据安全等技术的发展已然大大降低了数字空间的安全风险，但是安全问题仍然从两个方面阻碍了科学算力开放的发展。一方面是算力开放给外部单位或个人使用给算力供给方带来的安全风险。虽然云计算厂商的大规模商业化算力开放共享，已经证明了现有的成熟云计算方案已经能够有效降低算力开放风险，但是，由于应用云厂商的安全方案成本相对较高，且需要持续应对外部网络的各类恶意攻击，对于许多单位来说都是巨大的安全风险与成本挑战。另一方面，许多科学研究者对于应用开放算力进行科学研究也存有疑虑。使用第三方提供的算力进行科学研究，意味着要将其科学研究中最重要的数据、模型等交给第三方托管。这使得科学研究人员往往倾向于应用自有算力资源或者大型云服务提供商的服务，对于零散的算力服务缺乏信任。

（二）科学算力开放的性能挑战

据估计，2023年全球算力总规模已经超过ZFlops，如果这些算力全部开放是否意味着我们就有机会解决同样计算级别的科学问题？答案是否定的，将开放算力有效集成来解决一个计算问题，仍然是一项复杂的技术挑战。当前算力的聚合，由于网络传输、设备可靠性、计算同步等问题，仍然面临着巨大的算力损失。以万卡级别的大模型训练计算任务为例，即使我们将所有GPU服务器均集聚在同一机房并应用最快的网络传输设备和最先进的网络调度算法，其算力利用效率也不超过60%。这使得大模型训练等内部计算高度耦合的任务几乎不可能通过调度分散在不同地点的算力服务来实现。此外，科学计算中存在大量的高维度计算问题，即使我们能够将全球算力高效聚合起来，仍然无法打破从物理世界跨尺度的计算鸿沟。目前，顶尖的超级计算机也只能实现亿级微观粒子的分子动力学模拟。

（三）科学算力开放的效能挑战

当我们建设起了一个个算力中心，形成了一朵朵算力云之后，如何让这些集成起来的算力资源更高效地分配到不同类型的计算任务中，实现算力的充分利用成了一个现实的挑战。首先将完整的算力进行虚拟化分割并跟随计算需求执行弹性伸缩，不可避免地需要损失一部分算力。其次不同任务对资源的需求和应用模式各不相同，难以预计计算任务的全生命周期的计算需求，且算力资源的供应还要考虑可靠性和容错性问题，因此很难执行最优调度策略。此外，算力调度受到任务优先级、紧急程度等社会因素的约束，紧急任务和高优先级任务可能会打乱原本的资源分配计划，迫使调度策略进行调整，使得算力资源调度问题变得更加复杂。最后，当算力成为稀缺资源的时候，效率优先的用户往往倾向于提前占据算力资源，以保障自身算力安全。以上因素均影响了算力开放的实际效能，并构成了目前算力服务商主要研究的优化问题。

（四）科学算力开放的公平挑战

算力始终是科研过程中的稀缺资源，如何在不同的科研项目进行有限资源的分配，更好地赋能科学研究的长期发展，对于算力供应方，尤其是公共算力的供应方是一个巨大挑战。首先我们很难评估算力对具体一项科学研究的促进作用（其实我们也很难评估一项科学研究的具体价值），所以我们很难评估算力在科学研究中的即时价值。其次即使我们能够评估算力的即时价值，我们也很难评估效率优先的算力资源分配模式是否有利于科学的长期发展，科学界的马太效应是否会抑制整体的创新生态？是否需要提供科学界基本算力保障以保证科学研究的多样性？当没有人能够评估价值的时候，我们是否应该把算力分配问题交给市场？我们又应该如何设计这个市场？诸如此类问题，让算力在科学界的分配问题陷入重重迷雾，成为人工智能时代科学探索的重要问题。

三、科学算力开放的未来图景

随着人工智能、大数据等算力密集型科学研究方法在科学界的快速推广，以及科学数字空间的迅速壮大，算力将像电一样成为科学研究的核心基础设施。未来，随着更大范围、更高效能、更加安全的科学算力开放共享，算力也将像电一样让科学家即取即用。为了达到这一目标需要算、网、用等多方共同努力，突破目前算力供给的性能、效能与安全等关键瓶颈。

（一）更加充沛的科学算力开放供给

科学问题所需的计算资源远远超过当前的算力水平，科技发展的需求将持续牵引算力向性能更强、量级更大发展。

算力基础设施的升级与扩展。 单芯片性能和规模化算力集成的持续突破，以及更多配备高性能 GPU、TPU、NPU 等计算单元的规模化算力中心投入开发与建设，将不断提升高质量高密度计算资源的开放供给。

算网融合发展。 随着网络基础设施、网络安全技术以及分布式算力资源共享与激励机制的持续完善，将让更多的闲置算力资源开放上线，并形成结构化的算力共享网络。网络中将包含算力中心、个人电脑、移动终端等不同类型的算力设备，并提供标准化的接口、协议、准入与计量计算策略，使不同算力资源之间能够无缝连接交互，在网络层面实现异构算力的统一管理，并给予所有算力资源参与者公平的回报激励。

计算模式突破创新。 量子计算、生物计算等计算模式突破了冯·诺依曼架构，为未来的算力供给提供了更多可能。基于新型算力的算法算力协同优化将极大地丰富面向科学问题的计算工具箱，解决传统计算方法难以处理的复杂问题。

（二）更加便捷高效的算力开放使用

为实现更加便捷地使用算力资源，降低算力使用门槛，提升算力使

用效率，并最终让科研人员像用桌面系统一样应用各处的算力资源的目标，需要进行大量的算网协同与应用软件开发工作。

广域异构算网协同调度需要通过算力网络兼容层对算力网络中的异构算力、网络、任务、数据等资源进行统一的感知与管理。然而，由于算力供应的来源和形式异常复杂，如果从头进行这项工作会非常困难，因此一种可行的路径是以云服务供应商、非营利的分布式计算组织为中间层，再进行一定程度的资源统一管理，从而简化系统总体的复杂度。目前纽约伯克利大学正在研发的 SkyComputing❶ 即基于这种路径，通过搭建云中立接口，系统能够自动检测和选择最合适的云服务资源，并根据任务需求进行动态调整，实现多云算力资源的统一调度。目前该方案对于一些机器学习任务，已经能够帮助科研人员降低三分之二的算力使用成本。

智能分布式计算。目前使用第三方的算力服务需要用户手动进行大量的操作以搭建相应的计算环境，如果涉及针对硬件特点的分布式优化则将更加复杂，但是随着大模型在编程领域的快速发展，我们预期未来基于大模型的计算任务自动化分解将成为可能。这意味着用户只需要上传自己的计算任务，大模型就可以根据任务源码以及广域异构算网提供的基础算子及资源情况，对计算任务及相关数据进行自动化的分解、封装与分配，并有效管理计算任务的总体进程，保障计算任务跨计算节点有序执行和同步。

---

❶ Chasins S, Cheung A, Crooks N, et al. The sky above the clouds[J]. arXiv preprint arXiv: 2205.07147, 2022.

（三）更加广泛安全的算力开放服务

算力开放服务的广泛普及需要构建更加完善的算力服务网络，让不同地域的科学研究者都能通过数字网络快速地获取研究所需的算力资源。光纤宽带、5G、卫星互联网等网络基础设施的建设为算力的全面触达提供了基础设施。未来，随着天基分布式计算系统的发展，天地一体的云计算服务也将逐渐成熟，在各个地方的科学研究者均可以随时随地调用地面与太空中的计算资源，对宇宙中的各类信息进行高效地计算与处理。此外，算力开放的广泛普及与应用还需进一步消除科学研究人员对第三方开放算力的安全疑虑。为此，一方面需要在算网的任务接入端与算力接入端形成可靠的标准化指引以及相应审查防范措施，建立包括物理安全、网络安全、应用安全等多层次的算网安全防护体系。另一方面，对于隐私性、机密性较强的计算任务，构建零信任的算网安全架构，通过同态加密、多方安全计算、可信执行环境等隐私计算技术，在不泄露原始数据与模型的情况下完成科学计算任务，从而确保科研人员知识产权的安全性，扩大算力的开放与使用范围。

第三节

科学模型开放众创

模型是对事物的形式化表征,需要依据一定的研究目标,对表征对象进行简化与抽象,运用多种表征形式描述事物间的关系,以帮助研究人员更好地理解现实世界。1998 年,吉尔伯特(Gilbert)和博尔特(Boulter)[1]在他们发表的文章中提出科学模型(Scientific model)是对思想、事件或过程的物理、数学概念或系统性表征,他们认为科学模型可以分为心理模型(mental models):对一个复杂概念的表征,例如我们如何思考像原子这样的抽象概念;表达模型(expressed models):一种个人通过行为、言语或文字表达出来的心理模型,如图表等形式;共识模型(consensus models):一种经过科学家测试并达成共识,认为其存在优点的模型,例如大爆炸模型等。根据英国《不列颠百科全书》(*Encyclopedia Britannica*)中的描述,科学模型是对难以直接观察的真实现象生成物理、概念或数学形式的表示,是科学建模(Scientific modeling)的产物,用于解释和预测真实物体或系统的行为,被广泛地用于物理学、化学、生态学和地球科学等各种科学学科。

---

[1] Gilbert, J. K., & Boulter, C. J. (1998). Learning Science through Models and Modelling. In B. J. Fraser, & K. G. Tobin (Eds.), International Handbook of Science Education (pp. 53-56). London: Kluwer Academic.

随着"AI for Science"理念的兴起，使用 AI 工具来增强科学研究能力成为备受科学界关注和青睐的新路径，研究者们基于 AI 算法进行建模和分析，能够大幅提升基于第一性原理的模拟精度和效率。本节中讨论的开放科学模型为智能计算视域下科学参与者从事各类科学活动过程中，运用 AI 技术构建的可获取、可使用或可改进的智能化模型，此类模型（Large Language Model，LLM）通常基于海量科学数据，依靠大规模高性能算力支撑模型训练，本节将围绕此类科学模型的开放现状、面临的挑战和未来发展图景等内容展开叙述。

> **背景资料**
>
> ### 人工智能技术的发展加速模型智能化演进
>
> **萌芽阶段。** 从简单的数学模型到复杂的系统模型，模型漫长的演变史与人工智能技术的发展密不可分。从 1943 年，美国神经科学家沃伦·麦卡洛克（Warren McCulloch）和逻辑学家沃特·皮茨（Water Pitts）提出神经元的数学模型开始，智能化模型开始进入人们的视野。到了 20 世纪 70 年代，由于缺乏坚实的理论和充足的算力，研究者们对智能化模型（人工智能技术）的探索陷入困境。
>
> **繁荣阶段。** 直到 20 世纪 80 年代，随着人工智能应用的发展，智能化模型的发展也进入了新高潮，使用机器学习（尤其是神经网络）模型探索不同的学习策略和各种学习方法，在大量的实际应用中开始逐步复苏。1989 年，杨立昆（LeCun）结合反向传播

算法与权值共享的卷积神经层提出了卷积神经网络（Convolutional Neural Networks，CNN），并首次将卷积神经网络成功应用到美国邮局的手写字符识别系统中。这一突破不仅证明了神经网络的实际应用价值，也为后续的研究奠定了基础。

平稳阶段。 自进入20世纪90年代起，人工智能开始进入平稳发展阶段，人工智能相关领域开始扩展至计算机视觉、自然语言处理、机器人学、知识表示、推理、规划、搜索等众多领域，并取得了长足进步。1997年，IBM的深蓝超级计算机在国际象棋比赛中战胜了世界冠军加里·卡斯帕罗夫（Garry Kasparov），成为首台打败国际象棋世界冠军的电脑。蒂姆·伯纳斯-李（Tim Berners-Lee）在1998年提出的语义网，即以语义为基础的知识网或知识表示，为知识库中的知识表达和开放知识实体的发展提供了可尝试的解决方案。统计机器学习理论体系的提出，包括弗拉基米尔·万普尼克（Vapnik Vladimir）等人提出的支持向量机、约翰·拉弗蒂（John Lafferty）等人的条件随机场以及大卫·布莱（David Blei）等人提出的话题模型LDA等。

爆发阶段。 2011年至今，随着大数据、云计算、互联网、物联网等信息技术的发展，泛在感知数据和图形处理器等计算平台推动以深度神经网络为代表的人工智能技术飞速发展，大幅跨越了科学与应用之间的技术鸿沟，诸如图像分类、语音识别、知识问答、人机对弈、无人驾驶等人工智能技术实现了重大的技术突破，迎来爆发式增长的新高潮。2012年，谷歌正式发布谷歌知识图谱（Google Knowledge Graph）；2015年，谷歌开源TensorFlow

框架被广泛应用于各类机器学习（machine learning）算法的编程实现；2023 年，Open AI 推出大语言模型 ChatGPT，训练数据达到 45TB，据估计模型的推理能力与人类相当，其在多种场景下的问答表现令科学界为之震撼。

　　这些发展历程不仅展示了人工智能技术的进步，同时也揭示了模型智能化演进的复杂性和多样性。从简单的数学模型到如今高度复杂的智能系统，人工智能技术正以前所未有的速度改变甚至颠覆科学研究范式。

一、科学模型开放现状

　　AI for Science 为科学发现注入了新的动力，在 AI 的加持之下，科学研究的发展趋势更加开放、协同与共享。科学模型在开放的环境中吸引积聚多元的资源投入，模型成果能够被更多的科学研究者获取和改进，从而发挥更广泛的研究价值。

（一）模型开放具备多层次、透明性与灵活性等特征

　　在开放科学的大环境下，开放科学相关方越来越多地利用开源社区和学术平台等媒介，公开架构设计、源代码、预训练权重以及详细的文档和技术说明等材料，为更多的研究人员和开发者提供了深度参与和

理解模型的机会。以 BERT 模型为例，在论文《BERT: Pre-training of Deep Bidirectional Transformers for Language Understanding》中，不仅详细描述了模型的架构，还公开了完整的源代码和预训练权重，并提供了指导研究人员如何使用这些资源的指导文档，这使得 BERT 迅速成为自然语言处理领域的标准工具之一。

本书按照开放程度的高低对模型开放内容进行排序，得出如下排序结果：模型源码开放＞模型权重开放＞模型架构开放＞API 接口开放（支持调参）＞模型开发文档和指南开放。

模型源码开放，指模型的源代码，包括其算法实现、数据处理流程和训练逻辑等的公开，供开发者自由访问、使用、修改和分发，能够帮助研究者和开发者深入理解和改进模型。在开源社区中，如 GitHub，许多领先的 AI 模型（如 LLAMA3.2，Qwen2）的源码已经全面开放。BERT、GPT-3 等模型的实现代码通常以 PyTorch 或 TensorFlow 格式公开，开发者可在 GitHub 等平台上获取完整代码库，并根据需求开发出适应特定场景的模型版本。

模型权重开放，指公开训练好的模型参数，开发者可以直接加载这些权重，无须重新训练模型，极大降低了模型使用的技术门槛。当前，大型预训练模型的权重通常通过开源平台如 Hugging Face 和 TensorFlow Hub 发布。Hugging Face 平台上汇集了大量开源模型的权重，用户可以直接加载并应用于各类任务，如 BERT、RoBERTa、GPT-2 等模型的权重均公开，显著减少了模型训练所需的计算资源和时间，研究人员只需在不同数据集上进行微调或应用，即可验证模型的泛化能力。

模型架构开放，指公开模型的设计框架，包括其层次结构、连接方式和各层功能的详细说明等，帮助研究人员理解模型的工作机制。开源模型架构已经成为 AI 研究的基础。基于 Transformer 架构的编码器-解码器结构及自注意力机制，BERT、GPT 系列模型在其基础上进行了改进，获得了更优的模型性能表现。

API 接口开放，指通过开放的应用程序接口（API）提供对模型的访问，并支持开发者在不修改源代码的情况下，根据需求灵活调整模型参数进行推理。AI 服务平台（如 Google Cloud AI、AWS SageMaker 等）提供开放 API，支持用户调用预训练模型并进行参数调优，用户可以在不接触底层代码的情况下调整模型的行为，这种开放方式广泛应用于自然语言处理、计算机视觉等领域。

模型开发文档和指南开放，指提供详细的文档说明和使用指南，帮助开发者理解模型的设计、使用和扩展方法，确保了模型的易用性，尤其是在快速部署和定制化应用场景中。TensorFlow、PyTorch 等开源模型都附带有详尽的开发文档和使用指南，这些文档通常涵盖从安装配置、基础使用到高级调优的多个方面，成为开发者学习和使用这些技术的关键资源。开放的文档和指南不仅加快了新技术的普及，也帮助开发者更好地理解和应用这些复杂的工具和模型。

（二）科学模型依托多类载体实现研发全过程开放

科学模型的开放不仅指对模型代码的开源，还贯穿了模型研发的全过程。科研人员能够通过开源平台、合作项目、模型竞赛等渠道参与模

型的设计、搭建、训练与应用等众多环节，为科学模型众创提供源源不断的创新动能。

1. 集智众创：开放协作新途径

在数字技术和科学研究的前沿，众创模式正在以其独特的开放协作理念重塑模型开发的未来。模型众创（collaborative model creation）是一种将开放协作理念应用于模型开发的创新方式，广泛应用于人工智能、机器学习和其他科学研究领域。这种模式不仅汇聚了全球专家和开发者的智慧，还促进了知识和技术的共享，从而推动了技术进步和应用创新。

在人工智能和机器学习领域，众创模式的应用日益广泛。微软、谷歌、Meta 等科技巨头不仅积极参与其中，还通过各种平台推动这一趋势。例如，微软的 GitHub 平台成为众多 AI 模型项目的孵化地，开发者们在此共同协作，快速迭代和优化模型。通过开源许可，这些项目允许任何有兴趣的人贡献代码、提出改进建议或开发新功能，从而实现了资源的充分利用和创新的加速。在科学研究领域，众创模式的优势同样显著。在生物信息学、物理学、化学等领域，众创平台为研究人员提供了共享数据、工具和模型的基础设施。例如，Open Science Framework（OSF）和 Figshare 等平台为科研人员提供了协作的空间，促进了跨学科的合作和科学发现的加速。这些平台不仅降低了研发成本，还提升了模型的精度和适用性，使得复杂的科学问题能够在全球协作中得到快速解决。

通过对当前科学模型众创方式的梳理与归纳，本书总结了当前模型众创的两种主要渠道。

（1）依托开源项目的方式开展模型众创、验证与发布

借助开源社区的资源开展模型研发。开源社区是围绕开源共识，受共同实践所驱动，以实现集体行动和价值共创预期目标的成员集合❶。根据其提供的功能服务、资源内容等，可将开源社区分为门户型、传播型和项目型等不同类型。在数智时代广泛连接、同步演进和网状协作特性的催化下，其正在成为前沿科学研究和智能技术应用的重要推动力量。据GitHub平台在2020年统计数据显示，2030年中国开发者将成为全球最大的开源群体，中国将成为全球开源软件的主要使用国和核心贡献国。

开源社区通常提供可供不同主体参与研发的开源项目，用户申请加入开源模型的研发，其他开发者也可以对项目的代码进行审查、测试，形成多主体参与的知识协作网络，共同完成模型的开发和维护。模型开发完成后，开源社区还提供了自动化的持续集成（CI）工具，如Travis CI、Jenkins等，能够在每次代码提交后自动进行测试和验证，以确保模型在不同环境下表现的一致性。最后，用户可以使用社区平台提供的版本控制功能发布模型的不同版本，通常包括对模型权重的开放、文档的更新以及版本的管理。

---

❶ Gilbert, J. K., & Boulter, C. J.(1998). Learning Science through Models and Modelling. In B. J. Fraser, & K. G. Tobin(Eds.), International Handbook of Science Education(pp. 53-56). London: Kluwer Academic.

> **典型案例**
>
> ### Hugging Face Transformers 库
>
> Hugging Face Transformers 库是一个典型的例子，展示了开源社区如何支持模型的协同开发、验证和发布。该库集成了众多流行的预训练模型（如 BERT、GPT、RoBERTa 等），并通过 GitHub 平台进行协同开发。每次更新和新模型的添加都通过拉取请求的方式进行，并由社区开发者进行审核和验证。发布新版本时，库的维护者会将其发布到 Python Package Index（PyPI）上，并更新相应的文档和教程。社区成员还可以通过 Issues 和 Discussion 功能进行沟通和反馈，从而进一步推动模型的改进和优化。

除此之外，开源社区通常设置技术论坛，用户可根据研究兴趣加入讨论小组，或就某些感兴趣的技术主题参加论坛讨论，分享技术见解，基于技术开放信念结识志同道合的朋友，为模型的设计和实现收集广泛的反馈和改进建议。

> **典型案例**
>
> ### Stack Overflow 社区
>
> Stack Overflow 是全球最大的开发者问答社区之一，拥有数

百万的用户和丰富的技术资源。通过在 Stack Overflow 上参与讨论，开发者可以分享他们在模型设计和实践中的经验和挑战，获得其他开发者的反馈和建议。Stack Overflow 的问答机制使得开发者可以迅速找到解决问题的方案，并在讨论中获得不同的观点和思路。开发者可以在特定的标签（如"machine-learning""deep-learning"）下提问和回答，吸引相关领域的专家参与讨论。通过社区的反馈，开发者可以发现模型中的潜在问题和改进点，提高模型的性能和可靠性。Stack Overflow 还提供了丰富的文档和教程资源，帮助开发者学习和掌握新的技术和工具，提升他们的技能水平。

基于机构发布的合作项目投入特定模型的研发。科研参与方针对特定的研究目标明确模型研发的技术架构、资源投入、团队分工等，根据各方优势合力开发模型，模型研发中涉及的预训练数据、代码、最佳实践、模型权重、微调训练数据都将向科学界开放。

> **典型案例**
>
> ### NASA 与 IBM 研究院关于共建 AI 地理空间基础模型的合作
>
> NASA 和 IBM 研究院（IBM Research）共同致力于开发 AI 地

理空间基础模型，这一合作项目旨在利用人工智能和机器学习技术，提升对地球环境的监测和理解。该项目结合了 NASA 丰富的卫星数据和 IBM 研究院的先进 AI 技术，目标是创建一个强大的地理空间分析工具，用于预测自然灾害、监测环境变化和支持可持续发展。NASA 提供的卫星数据涵盖了全球范围内的多种地理信息，包括气候变化、土地利用、植被覆盖等，而 IBM 研究院则利用其在深度学习和大数据处理方面的优势，对这些数据进行分析和建模。项目团队分工明确，NASA 负责数据采集和预处理，IBM 研究院则负责模型的设计和优化。通过这一合作项目，双方开发的模型和相关资源，包括预训练数据、代码、模型权重和最佳实践，都会向科学界开放，促进学术研究和实际应用的结合，推动地球科学研究的进步。

（2）依托建模竞赛的方式参与模型研发与优化

全球范围内的高水平建模大赛一直是研究人员，尤其是技术爱好者们争相参加的热门活动。上述大赛通常围绕特定的一系列主题，提供相应的研究数据，并允许参赛者结合其他渠道获取的公开数据，在规定时间内构建并验证模型。参赛者可组队参赛，围绕选定的主题，利用大赛主办方提供的数据资源和研发平台开展协作建模，共同探索模型的技术突破与应用创新。

> **典型案例**
>
> ### DrivenData
>
> DrivenData 是一个专注于社会公益和可持续发展的数据科学竞赛平台。该平台的竞赛项目旨在利用数据科学和机器学习技术解决现实中的社会问题，如公共健康、环境保护和教育公平等。DrivenData 的竞赛不仅提供了丰富的公开数据集和明确的目标，还常常与非营利组织和政府机构合作，确保竞赛结果能够直接应用于实际问题的解决。例如，DrivenData 曾举办过一场关于预测农业产量的竞赛，目标是利用卫星影像和气象数据帮助农民提高作物产量。参赛者通过机器学习模型分析大量的农业数据，提出了多种创新的解决方案。最终的获胜模型被应用于实际农业生产中，显著提高了农作物的预测准确性，帮助农民优化了种植策略。DrivenData 的竞赛不仅促进了模型的开发和优化，还通过实际应用展示了数据科学在解决社会问题方面的巨大潜力。参赛者在竞赛中积累的经验和成果，也为他们在其他领域的研究和实践提供了宝贵的参考和借鉴。

2.代码开源：知识共享新方法

模型代码开源具有降低研发成本、激发创新活力、提高透明度与安全性等系列优点，能更好地促进科学创新。学术期刊是科学界分享新知识、新技术和发表研究成果的重要渠道。通过在权威的学术期刊上发表论文，研究人员可以详细描述他们的模型设计、实现过程以及模型性能

评估。这不仅为其他研究人员提供了参考和借鉴的机会，也促进了学术界的知识积累和技术进步。

对研究人员来说，利用开源的模型框架训练、微调自己的模型，基于个性化的研究需求，使用特定科学领域的数据进行训练或微调，能够更便捷、高效地达成研究目标，降低研究成本。此外，基于丰富的开源框架或模型，研究人员可以不拘泥于特定的模型供应商，整个开发过程更加透明、更加安全，能够被更广泛地监督与评议。

在特定学科领域中，模型代码开源也越来越成为一种被普遍接受的交流与公开研究成果的方式。比如，在机器学习与人工智能领域，许多顶尖的人工智能和机器学习会议如 NeurIPS、ICML 和 CVPR 等，都会收录和展示最新的研究成果，这些论文通常会附带源码和数据集链接，根据 2020 年 Papers with Code 网站的数据显示，约有 60% 的顶级机器学习论文提供了开源代码。在生物信息学领域，根据 Bioinformatics 杂志的数据统计，生物信息学领域的开源模型和数据库已经成为标准，许多研究机构和项目都倾向于开源其成果。在物理与化学领域，虽然仍存在一些专业性较强的闭源软件（如 Gaussian），其提供的模型无法开源使用，但在量子化学和气候科学等细分领域，许多模型和计算工具也同样是开源的。

> **典型案例**
>
> ### 开源模型具有更低的成本和更高的效率：Llama 3.1 模型
>
> Meta 于 2024 年 7 月 23 日发布了 Llama 3.1 模型，共有 8B、70B 和 405B 三个版本，其中 405B 是截至发布日全球最大的开源模型，标志着开源 AI 模型的前沿水平。
>
> **成本与效率优势**。与封闭模型如 GPT-4o 相比，Llama 3.1 模型的推理成本约为封闭模型的一半。具体而言，Meta 表示使用 Llama 3.1 405B 模型进行用户界面和离线推理任务时，成本可以减少约 50%。这使得 Llama 3.1 在预算有限的研究项目中具有显著的吸引力。
>
> **高效的性能优势**。Llama 3.1 模型支持研究人员在自己的基础设施上进行推理，这意味着用户不必依赖于昂贵的外部计算资源。这种灵活性不仅降低了成本，还提高了研究和开发的自主性和可控性。此外，Llama 3.1 模型尤其适用于用户界面和离线推理任务，这些任务在实际应用中非常常见。例如，在移动设备上运行的 AI 应用和需要本地数据处理的任务中，Llama 3.1 模型能够提供高效的解决方案。
>
> **安全与负责任优势**。Meta 强调了 Llama 3.1 的安全使用，并提供了多种安全防护措施，如 Llama Guard 3 和 Prompt Guard，以防止模型被恶意使用。Meta 还在模型开发过程中进行了广泛的风险评估和红队测试，以确保模型的安全性和可靠性。

二、开放科学模型发展面临的挑战

虽然 AI 能够帮助科学研究跃升至全新阶段，但将 AI 真正融入科学研究的过程并非一蹴而就，由于以深度神经网络为代表的部分 AI 技术缺乏可解释性、AI 模型泛化能力有待提升等问题，其在科学研究中的应用受到制约。此外，模型训练所需的数据、算力资源也是保障科学模型迅速发展的关键支撑，构建优质的海量跨学科语料库、灵活调度的计算资源体系和高效的组织机制等都成为促进开放科学模型进一步发展所面临的关键挑战。

（一）AI 技术"黑箱"降低科学模型可靠性

随着深度学习等复杂模型在各个领域的广泛应用，模型的透明性和可解释性问题日益凸显，深度学习模型面临的对抗样本、数据投毒、模型窃取等多种安全危机正在引起人们对 AI for Science 的合理性担忧。2024 年 5 月，英国皇家科学院（The Royal Society）发布了由牛津大学、剑桥大学等各大著名高校、DeepMind 等人工智能企业的 100 余位专家联合撰写的最新报告《人工智能时代的科学：人工智能如何改变科学研究的性质和方法》，报告中的重要结论之一即由于人工智能系统的"黑箱"性质，有效采用开放科学原则的障碍越来越多。同时，AI 算法遭到了科学家和决策者的质疑，他们不认为这样的运算结果具有支撑重要决策的可靠性。

人工智能算法的"黑箱"和潜在专有性质限制了基于人工智能的研

究的可解释性，研究人员希望能够理解和解释模型的决策过程，但由于模型结构复杂和非线性特性，实现这一目标变得非常困难。文档不足、对重要科学研究要素（如代码、数据、计算能力和基础设施）的访问受限以及对人工智能算法如何得出结论（可解释性）缺乏了解等困难的存在，使独立研究人员难以对实验进行仔细检查、验证和复制与优化。为了提高模型的可解释性，研究者们提出了诸如可解释人工智能（Explainable AI，XAI）的方法，但这些方法在实践中仍面临许多限制，实现数智时代的"负责任人工智能"任重而道远。

（二）多模态和跨学科整合加大科学模型突破式发展的难度

跨学科合作对于弥合技能差距和提高人工智能在科学研究中的运用效益至关重要，科学模型的多模态和跨学科整合是未来发展的一个重要方向。从学科本身的壁垒看，学科间天然存在各异的研究体系、研究方法甚至研究文化，想要建立一种共享的"语言"来弥补不同学科间存在的术语、范式和认知方面的差距充满挑战。跨学科的数据和知识整合要求人工智能和科学领域专家（包括艺术、人文和社会科学研究人员）分享彼此领域的知识和技能，计算机科学家要能够评估其他研究领域（如医疗、气候科学）中的人工智能模型，同样地，领域科学家也需要了解如何有效地使用人工智能工具和技术来开展实验，以构建出更有效、更准确的科学领域模型，而不同学科对现象的描述和解释框架往往存在分歧，这增加了模型构建和验证的难度。

从跨模态模型的构建看，实现多模态交互需要克服包括数据标准化

处理、模态关联与表征、模型训练等一系列技术挑战。多模态融合需要将来自不同学科、来源和模态的数据有效整合，例如，图像、文本、时间序列数据等，数据的标准化处理和统一编码是实现多模态融合的关键，而目前尚无统一的领域技术标准来确保融合数据的一致性和互补性。此外，不同模态之间需要基于语义理解建立关联，例如，将语音信号与面部表情或手势相关联，由于需要在细粒度上捕捉和理解每种模态的特征，单模态的表征学习本身就存在挑战，跨模态间的关联和表征则更加困难。在数据融合与模态表征的基础上，还需要依赖大规模的预训练数据和高效的训练方法进行模型训练，使训练出的模型在科学数据分析、科学知识应用、科学问题生成、科学实验验证等方面达到较好的表现是颇具挑战的。

（三）现行组织机制无法推动科学模型开放的可持续发展

在模型建设阶段。**跨学科协作效率需要提升**，不同学科背景的研究人员和研究团队之间在沟通和协作方式上存在显著差异，极易导致研究领域间信息的不对称和协作的低效。**开放的同时也要注重安全**，在开放的环境中进行科学研究往往涉及大量学科专有资源，难以避免会有敏感的数据或研究成果需要进行保密或脱敏处理，保证模型输出结果的合法性、合规性同样是安全治理中的重要环节，如何建立可靠的安全防护和伦理监管机制成为挑战。**模型评价规范有待统一**，不同领域和机构在数据格式、模型结构、评价指标等方面的标准尚不统一，加之如深度学习等"黑盒"模型缺乏可解释性和透明性，在未形成一套科学高效的模型能力评测标准及规范之前,仅靠同行的主观判断无法给出客观的模型能力评价结果。

在平台运营阶段。**贡献激励机制尚不健全**,模型成果开源缺乏有效、明确的奖励和认可政策,研究人员往往出于发表论文时期刊要求对模型代码进行公开,缺乏主动公开的积极性。现有的科研激励机制往往过于强调个人成就和竞争,缺乏对开放和合作行为的奖励,这使得许多研究人员对开放共享持保留态度,担心自己的研究成果被他人滥用或剽窃,存在"不愿共享"的心理障碍。**知识产权保护体系尚不完善**,开放科学模型涉及大量数据、模型等形式的知识产权,在开放的研究环境中应防止这些资源被滥用。然而,全球尚未形成跨国界通用的数据使用、知识产权保护和隐私保护等方面的法律框架,这给跨国和跨区域的模型开放带来了许多障碍,如何构建一套兼顾合理性和实操性的标准规范,使得在保护研究者和机构知识产权的同时,促进模型和数据的开放共享仍需要持续探索。

三、开放科学模型发展的未来图景

以大模型为代表的生成式人工智能技术凭借其在高维复杂处理、推理深度等方面的优势,已在科学发现的假设生成、数据挖掘、实验模拟和知识演绎等领域发挥了一定作用,未来,AI技术仍将是赋能科学模型发展的主要利器。

（一）基于 AI 的科学模型将助力科学研究范式彻底变革

AI for science 是运用人工智能、机器学习、推理等模型和方法处理并分析大量数据，高效发现数据之间的关联，帮助科学家克服"维数灾难"，更快、更准地理解复杂的自然现象和社会现象❶。随着通用大模型智能化水平的不断提升，AI for Science 领域同样以惊人的速度取得进步。AI for Science 的相关领域将在未来的几年中完成领域科学模型的升级和智能化改造❷，这将极大地推动开放科学的发展，使得更多的社会行为者能够借助科学工具参与到科学发现中来。

在助力科学发现方面，人工神经网络（ANNs）、机器学习（ML）、自然语言处理以及图像识别模型将更高效地处理和分析大量跨模态数据，突破传统科学研究范式的桎梏，从海量的数据或隐藏的原理中发现传统方法难以察觉的模式和关系。**在变革科研模式方面**，以大模型为代表的生成式人工智能将不再只是辅助开展科研的工具，而是成为科学家思维的一部分，通过与非智能研究要素（数据、知识等）和科学家思维的多次交互，彻底改变科学家探索和理解自然的方式。科学领域智能体能够将科研任务进行合理规划与分配，高效完成数据收集、分析、假设生成、实验设计与执行的全流程工作，这能最大限度地将科研人员从重复性工作中解放出来，使他们能够更专注于快速、高效地验证假设和发现新知识。

---

❶ 王飞跃，缪青海，张军平，等. 探讨 AI for Science 的影响与意义：现状与展望 [J]. 智能科学与技术学报，2023（5）：1-6.
❷ https://www.199it.com/archives/1638754.html.

（二）基于 AI 的科学模型将深入赋能更多非 STEM 学科

在未来，除了 STEM（科学、技术、工程、数学）学科外，包括人文社会科学、艺术和经济学在内的非 STEM 学科也将搭上 AI 发展的快车。基于 AI 的科学模型以其强大的数据处理和分析能力，将进一步促进各个学科的创新和发展，推动科学研究和社会进步。

在语言学和文学研究领域，AI 模型通过自然语言处理技术可以分析大量的文本数据，揭示语言使用的模式和演变规律。例如，通过 AI 对古代文学作品进行文本分析，发现语言变化的趋势和文化背景，从而更深入地理解历史和文化的演变。**在历史学和考古学领域**，AI 模型助力提高数据分析和考古发现的效率，通过图像识别和机器学习技术，快速分析考古遗址和文物的图像，识别出其中的细节和模式；从卫星图像中发现潜在的考古遗址，或通过分析文物的纹理和形态，推断文物年代和用途等。**在经济学和社会科学领域**，AI 的应用将显著提升数据分析和预测的能力，更好地服务于经济趋势分析和市场行为预判以及社会综合治理等。例如，帮助经济学家分析全球经济数据，预测未来的经济发展趋势，或者通过分析社交媒体数据，了解公众的社会行为和心理状态等。

第四节

科学设施开放共享

科学基础设施是实现科学前沿革命性突破、解决国家重大战略科技问题的大型复杂科学研究装置或系统，由国家统筹规划，依托高水平创新主体建设和管理，旨在加速科学发现以及技术创新。科学基础设施既包含了科学设备或成套仪器等各类大型物理设备和设施，如欧洲大型强子对撞机、上海同步辐射设施等，也包含了可支持海量科研数据存储、交换、分析、计算需求的数据资源与计算平台、知识型资源库等虚拟的基础设施[1]。基础设施的开放共享将不再局限于研究机构或者团队内部，而是向更大范围、更宽领域、更深层次延伸拓展，进一步提升创新活动的透明性、可重复性、协作性，让更多科研人员能够广泛访问并使用先进的科研设备开展科学研究，从而推动知识创新和科学进步。本节将从科学基础设施的发展现状、挑战以及未来趋势等方面展开讨论。

---

[1] 宋大成，肖帅，李天鸣，等.国外重大科技基础设施开放共享模式比较及对我国的启示[J].中国科学院院刊，2024，39（3）：447-458.DOI: 10.16418/j.issn.1000-3045.20240129003.

> **背景资料**
>
> ### 科研范式变革加速科学基础设施的开放共享
>
> 科学基础设施的开放共享是一个持续发展的过程。随着科技进步以及科研范式的不断变革,这一过程将继续深化和扩展。科学基础设施的开放共享打破了传统科研生态中时空、学科、知识产权等多方面的障碍,不仅能够承载传统科学出版物、科学研究数据的查看、交流和引用等学术研究任务,同时还能够促进更高阶层的科学仪器、科学软件或平台系统的共享使用和迭代创新支撑。
>
> **早期独立研究阶段**。20世纪初期,科学基础设施的建设格局非常分散并且互相隔离,其使用范围仅限于研究团队内部甚至个人,尚未在国家层面实现统筹建设与共享使用。随着科学研究对国家安全和科技进步的支撑作用日益凸显,以美国为代表的发达国家开始探索国家实验室制度,系统谋划部署一系列大型研究计划,逐步建立以大型粒子加速器为代表的大科学装置群,以期为更多研究人员提供共享资源,推动特定领域的创新突破[1]。美国能源部国家实验室是国家实验室体系建设中的典型代表,其起源于曼哈顿计划时期,后续在原子能委员会(AEC)支持下得到发展成熟,其目的是为全国范围内的科研工作者提供昂贵的设施来开

---

[1] 樊春良. 美国国家实验室的建立和发展——对美国能源部国家实验室的历史考察[J]. 科学与社会,2022,12(2):18-42,62.DOI: 10.19524/j.cnki.10-1009/g3.2022.02.018.

展基础研究。该阶段主要从研究团队或个人、国家科学层面开展科学研究活动,科学基础设施的使用相对封闭且效率不高。

国际合作兴起与发展阶段。 20世纪中叶,为了在更大范围内寻求资源整合和共同发展,降低科学研究的复杂性和成本,欧洲各国开启跨越国家科学层面的联合科研活动,旨在依托国际合作项目来实现跨国界科学基础设施共享[1]。直到20世纪末,互联网和网络技术开始兴起,并逐渐成为全球性的信息交流与资源共享的媒介,使得科学基础设施的共享不再局限于物理位置。在此背景下,欧洲核子研究中心(CERN)诞生并被视为全球科研合作的典范,其拥有独特的大型粒子加速器设施,通过为广大科研工作者提供一系列大型科学装置来促进欧洲国家在高能物理学研究领域的科学发现。该阶段依托国际合作项目初步实现了科学基础设施的跨国共享使用,一定程度上提升了科学基础设施利用率和科技创新速度,但暂未能在全球范围内广泛推广。

科研基础设施全球共建阶段。 随着开放科学概念成为全球共识,科学基础设施的开放共享作为这一概念的核心组成部分,正在成为推动全球科学进步的关键因素。自2017年起,欧盟OpenAIRE战略项目开始将服务延伸至研究社区和研究基础设施[2],

---

[1] 高洁,袁江洋.欧盟科学技术制度化进程之始端:欧洲核子研究组织的创建——关于欧洲核子研究组织创建初期核心成员的一项群体志分析[J].中国科技史杂志,2009,30(4):465-481.

[2] 赵展一,黄金霞.开放科学基础设施的信息资源建设模式分析[J].图书馆建设,2021(3):46-55.DOI: 10.19764/j.cnki.tsgjs.20201355.

旨在建立一个开放和可持续的学术交流基础设施，加速科学研究发现。2018年欧盟启动欧洲开放科学云（EOSC），提出"FAIR原则"，促进实现科研数据、服务、设施的集成，以及跨境、跨学科的数据存储和利用，致力于将基础设施从"e-science"提升到"Open Science"的高度。2021年的《开放科学建议书》将开放科学基础设施列为开放科学发展的四大支柱之一进行了明确定义，即支持开放科学和满足不同社区需求的共享研究基础设施，包括科学设备或成套仪器等物理基础设施以及知识型资源库、数据处理服务基础设施等虚拟的基础设施[1]。与此同时，云计算和大数据技术等新一代数字技术的应用，为科学基础设施的开放共享提供了新工具，打破了传统科研生态中时空、学科、知识产权等多方面的障碍。有研究表明，科学基础设施的开放共享或已经在小范围内初具规模，但其还未能给投资者或者政策制定者带来规模效应，导致其未能在更大范围内推动实施[2]。因此，按照开放科学基本理念及原则推动科学基础设施的广泛开放共享势在必行。未来，科学基础设施的开放共享也将继续在全球科研合作和知识创新中发挥重要作用。

---

[1] UNESCO（2021-11-23）. "Recommendation on Open Science". CL/4363.
[2] 同[1]。

一、科学基础设施开放共享的发展现状

（一）科学基础设施开放共享的特征属性

1. 覆盖面逐渐从自然科学领域向全学科延伸

开放科学基础设施能够让不同学科以及科学界受益，其服务对象是广泛的利益相关者，如研究人员、教师、学习者、图书管理者等，其中研究人员是目前最主要的目标群体。《开放科学建议书》明确指出开放科学涵盖了所有科学学科与学术实践，而科学基础设施作为开放科学生态建设的重要组成部分，其需要支持所有开放科学活动以及满足不同社区需求。2020年，欧洲组织SPARC调查发现，72%的欧洲开放科学基础设施明确要求支持所有学科，其中社会科学和人文科学是被提及最多的学科。而在2010年，大部分用于数据密集型研究的基础设施和服务主要集中在自然科学领域，如生物科学、地球与环境科学、计算机科学、天文学和天体物理学等，而社会科学和人文科学领域的研究者可能面临更多的技术挑战和资源限制。

2. 以非营利性为导向进行组织运营

科学基础设施属于国家公共设施范畴，一般由国家统筹规划，各创新主体共同建设，具有准公共物品特征属性，需要向社会公众广泛开放共享。这一特点也表明开放科学基础设施与以利润为导向的商业基础设施有着根本区别，即倾向于以非营利为导向，采用多主体参与公共资助相结合的方式进行组织管理，以确保开放科学基础设施的自主性。如美国基于科学研究的开放性、完整性、可重复性等原则，成立开放科学中心（Center for Open Science，COS），通过向社会公众开放共享各类科研实用工具，促进其更多地参与到科学研究过程以及普遍获取研究成果，推动建立全开放科研格局。其中开放科学框架（OSF）作为该机构的重要组成部分，是一款对研究人员免费的开源写作管理软件，能够让全世界的研究者合作进行实验，也使得大规模重复实验成为可能。截至 2022 年 8 月，OSF 已吸引了超过 50 万用户进行注册，成为美国最大的开放科学平台。

3. 倾向于以低成本、可持续化模式管理

开放科学基础设施的运行需要符合弹性和可持续性的经济模式，即以相对较低的成本来确保其在面对未来需求变化时的适应性，从而最大限度地保证所有人能够不受限制地永久访问与使用。有学者认为，开放科学基础设施的格局非常接近学术共享理论家设想的"小型项目分散网络"的理想。2020 年，欧洲组织 SPARC 调查发现，在接受调查的 53 个欧洲科学基础设施中，有 21 个的支出不到 50 000 欧元，并且超过 75% 的欧洲科学基础设施仅需要 5 名或更少全职员工的小团队运营。由此来看，开放科学基础设施的规模远远不总是与其提供的关键服务成正比，其中一些使用最频繁的服务仅靠一个由两到五人组成的小型核心团队就能维持运行。

（二）开放科学基础设施开放共享的主要模式

1. 公共普惠共享模式

科学基础设施的公共普惠共享模式是以促进科学知识民主化和科

研机会均等化为目标，向广大社会公众提供科研基础设施资源、数字化服务等内容，确保广泛的用户群体能够均等化、普惠化获取科研机会，尤其是缺乏科研资源的中小型科研团队、独立研究者和企业等。在这种模式下，无市场主体参与，国家及相关政府部门需要承担科学基础设施建设与运营的资金投入以及管理职责，并确保其开放共享过程的安全性和可靠性。此外，这部分科学基础设施共享使用限制较少，社会公众可以公平获取使用机会。

> **案例分析**
>
> 美国开放科学中心（Center for Open Science，COS）成立于2013年，旨在为广大科研工作者提供开放科学服务，推动科学研究的开放性和可重复性。COS关注科研活动过程中的科学知识创造者、学术服务提供者、学术内容本身等多方主体，并为每一方主体均设立了明确的发展目标和建设方向，形成系统性的贯穿科研生命周期的免费开放服务。其具体开放共享路径包括以下两点：
>
> 打造免费且开源的在线研究管理平台——开放科学框架。OSF提供一套可组合的服务，包括文件存储、检索、数据库、分析、管理控制、评论等内容，允许科研工作者在整个项目生命周期中进行管理，包括在线记录和管理实验设计、数据资源、研究成果等，并根据其自身意愿授权任意服务板块开放相关研究项目资料。此外，OSF还集成了Google Scholar、Data Cite、ORCID、GitHub等工具，能够为科研工作者提供一站式服务。

> 提供各学科领域未公开出版文章的开放获取服务——预印本集合平台（OSF Preprints）。OSF Preprints 支持生命科学、社会科学、物理学、工程学、数学、计算机科学等多个学科领域未公开出版文章的获取。科研工作者可以简单快速地上传他们的预印本，无须复杂的提交过程，且所有上传至 OSF Preprints 的文章都可供公众免费阅读和下载。

2.市场规则模式

科学基础设施的市场规则模式是以市场需求和价值创造为导向，基于市场机制由科研基础设施服务需求方与科研基础设施服务供给方通过签订协议就开放共享的费用达成一致，这种协议通常不对外公开。在这种模式下，科研基础设施的共享服务转化为市场产品，科研基础设施服务需求方，即用户群体，需要为设施的访问或者使用支付一定费用，科研基础设施服务需求方，即科研基础设施管理单位，通过收取服务费用的方式来降低设施运营成本，从而推动科研基础设施长期开放共享。

> **案例分析**
>
> 德国电子同步加速器中心（DESY）成立于1959年，拥有多项大型科研设施，包括同步辐射光源、自由电子激光等，可以为广泛的科研工作者提供先进的研究工具。DESY 基于市场规则建

立了科学基础设施供需关系，不仅可以提高资源的利用效率，同时还可以覆盖其设备维护、技术支持等运营成本，保证科学基础设施资源的可持续性❶。具体来看，一方面，DESY 可以通过市场化收入机制向使用其设备的科研工作者收取费用，科研工作者在使用科学基础设施过程中需要提交详细的实验计划，并经专家评审通过后再向设施管理单位支付使用费用；另一方面，DESY 还与企业、研究机构等进行合作，如欧洲 X 射线自由电子激光（XFEL），通过共同建设和运营设施降低资金投入压力，同时促进了国际合作。

3. 战略合作共享模式

科学基础设施的战略合作模式是以推动科学研究卓越发展为目标，通过评估用户群体开放共享需求的可行性，来获取科学基础设施服务，以促进跨地域和跨学科的科研合作，推动科学技术进步。这种模式的核心在于其科学基础设施的开放共享申请是否服务于重要的原始创新活动，希望通过建立多边合作框架，使得来自不同国家的研究人员可以共同使用最先进的科研设施，从而推动科学研究的前沿发现。

---

❶ 宋大成,肖帅,李天鸣,等.国外重大科技基础设施开放共享模式比较及对我国的启示[J].中国科学院院刊,2024,39(3):447-458.DOI:10.16418/j.issn.1000-3045.20240129003.

案例分析

欧洲开放科学云（EOSC）是一个典型的以卓越科学为目标，通过战略合作模式来实现科学基础设施资源开放共享的典型案例。EOSC 旨在通过联合欧洲现有的分布式科学数据基础设施，利用数字技术为广大科研工作者打造一个开放、无缝访问的虚拟环境，使其可以轻松访问和使用分散在整个欧洲的数据和服务。其具体开放共享路径包括以下三点：

构建统一的数据门户和服务目录，实现数据集成和开放共享。 EOSC 将欧洲范围内现有的碎片化的科研数据资源整合汇聚到统一的平台上，依托 FAIR 原则构建数据管理标准和规则，让科研工作者能够统一存储、管理和共享科研数据，推动交叉学科的创新突破。

打造一站式的科学研究服务平台，满足科研工作者多元化的研究需求。 EOSC 为广大科研工作者提供各类科研资源和服务的发现、访问、计算以及基于交叉学科的分析工具等，能够支撑跨学科合作与创新研究，进一步提高科学研究的整体效率和质量。

基于现行法律和技术规范，制定参与 EOSC 建设的各方规则和标准，以实现目标共建。 EOSC 由执行委员会、监督委员会以及利益相关方论坛等多方共同组成，确保各成员国和科研机构之间的协调与合作。这种多层次的治理结构有助于明确各方的责任和义务，从而共同推进开放科学的发展。

二、科学基础设施开放共享面临的挑战

（一）科学基础设施的开放建设缺乏标准体系与技术能力作为保障

开放科学基础设施的互操作性非常重要。目前，受限于标准体系、技术能力等方面，大部分开放科学基础设施建设缺乏互操作性，特别是在由物理实体和虚拟系统组成的开放数据基础设施方面。一方面，开放科学基础设施建设需要更多的国际合作和标准化工作，而现有开放科学基础设施缺乏统一的标准和规范，导致其互操作性比较差，阻碍了科研工作的高效开展。如 EOSC 已经在开展相关行动，通过制定标准和规范，促进跨欧洲的基础设施互操作性以及推动开放科学和开放创新政策来解决现有挑战。另一方面，随着科研数据成为国家战略资源，加强数据资源的兼容性和互操作性对开放科学基础设施建设至关重要。目前，针对大数据管理和处理的标准、算法及工具层出不穷，但缺乏对体系架构的标准化建模、有效的标准使用和升级指南，导致历史遗留系统和新系统之间的兼容较差。

（二）科学基础设施的市场化运行机制有待进一步完善

科研基础设施是一项长期事业，需要大量的资金支持，而科学基础设施的开放共享以及非营利性使其无法获取稳定的商业资本投入。因此，实现开放科学基础设施建设运营的成本控制，以降低不可预见事件可能对其造成的负面影响，成为亟待解决的问题之一。诸多学者认为，建立科学合理有效的市场运行机制以及有偿服务定价机制是推动科研基础设施开放共享的关键，也是支撑设施长期运行、提升其使用效率的重要保障❶。现有的开放科学基础设施在企业化运作和市场结合上存在明显不足。许多科研机构局限于内部研发，缺乏与市场的紧密联系，导致其创新对产业的引导和带动作用有限。

（三）科学基础设施难以满足多元化的用户研究需求

开放科学是一个汇聚各种实践于一体的包容性框架，覆盖了科学研究的所有学科以及不同阶段，需要一套可贯通科研全生命周期的科学基础设施作为支撑。一方面，世界各国均在开放科学基础设施建设方面出台了一系列政策和发展战略，但各国在学术设施覆盖范围、合作与协调方面仍然面临巨大挑战；另一方面，现有科学基础设施多停留在存储和发布层面，未能触及更高阶的知识结构化处理和知识开放协议等核心内容，无法真正实现对广大民众的开放获取与使用。此外，大多数科研基础设施以高质量科学产出为主要目标，而决策者和设施合作伙伴也期望获得额外价值。但从研究到创新，再到公共政策的转变具有长期性，这为全面评估设施的直接社会经济影响带来了困难。

---

❶ 宋大成，肖帅，李天鸣，等.国外重大科技基础设施开放共享模式比较及对我国的启示[J]. 中国科学院院刊，2024，39（3）：447-458.DOI: 10.16418/j.issn.1000-3045.20240129003.

三、科学基础设施建设的发展趋势

（一）科学数据基础设施或将成为突破科学前沿的"新引擎"

大数据、人工智能等新一代数字技术的发展为解决日益复杂的科学问题提供了新的工具，通过将智能技术与科学数据的融合应用，推动了智能化科研范式变革。科学数据基础设施作为支撑科学数据开放共享的重要载体，其发展势必成为新一代数字技术创新突破与应用的必然结果，推动复杂跨学科知识的开放获取，加速全球在重大前沿技术、颠覆性技术方面的创新突破。一方面，科学数据基础设施能够将海量多源异构的科研数据、知识库等科学数据进行汇聚整合和再利用，通过高度融合存储、计算、网络、软件等资源，打造融通数据生态，充分提升科学数据的长期利用价值。另一方面，科学数据基础设施围绕智能技术的融合应用，可以提供协作式的开放计算和数据处理能力，支撑不同领域、不同学科的交叉研究和科学决策，提升科学发现效率[1]。如欧洲 EBRAINS 研究基础设施融合了神经科学、分布式计算技术，可为全球科研工作者提供大规模模拟实验、数据分析等服务。由此来看，科学数据基础设施将成为未来科研工作者跨领域合作的重要载体平台，进一步推动科研范式变革。

---

[1] 郭华东，陈和生，闫冬梅，等. 加强开放数据基础设施建设，推动开放科学发展 [J]. 中国科学院院刊，2023,38(6):806-817.DOI:10.16418/j.issn.1000-3045.20230208001.

（二）社会主体或将成为科学基础设施开放的"关键力量"

基于科学基础设施准公共物品的特征属性，诸多国家以普惠性和公益性为基本原则推动科学基础设施的开放共享建设，以期让更广泛的科研工作者、社会公众等用户群体获得科研机会，实现均等化的获取科研知识。但科学基础设施在前期建设以及后期运维阶段均需要显著的资金投入予以支持，将社会主体引入到科学基础设施建设当中有助于实现高效建设与运维，进而支撑和实现重大科学问题研究。如美国国家实验室在科学基础设施运维管理上采取政府拥有、委托运营模式（GOCO 模式），即鼓励社会创新力量参与到科学基础设施运营当中，如企业、非营利机构等，建立合作利用共享机制，通过开放共享大型科研仪器设备、数据资源、人才队伍等方式，给予其独立开展科研活动的便利，在提高科研基础设施使用效率的同时可以降低研发成本，提高科技成果转化成效。由此来看，社会主体在科学基础设施开放共享建设中扮演着越来越重要的角色，有望成为推动开放科学进程的重要参与者和支持者。

（三）科学基础设施生态系统或将成为全球竞争力提升的关键

科学基础设施是实现前沿技术突破、加速科学发现的重要极限研究工具。随着开放科学成为全球共识，越来越多的科研工作者通过多样化的科学基础设施进行合作与研究，打造跨学科、跨时空的科学基础设施生态成为必然趋势。一方面，科学基础设施生态系统建设能够推动不同

类型设施的开放共享与互联互通。利用数字技术将先进计算设施、高性能数据设施等各类重大科学基础设施进行有效连通，通过打造科学基础设施空间集群化和功能集群化生态，进而可以支撑更大范围内的科研合作和资源共享。如 2023 年美国启动了综合研究基础设施（IRI）计划，基于数据资源和数字技术构建覆盖科学数据、软硬件资源、传输网络等多方面的科学基础设施创新生态系统，旨在为科学研究全流程需求提供支撑。另一方面，科学基础设施生态系统能够通过提供跨时空的远程服务模式，让更多科研工作者可以与设施实现协同交互，进而有效提升设施使用率，扩大开放共享力度[1]。由此来看，科学基础设施生态系统的深入推进将进一步满足日益多元化、复杂化的科技创新需求，加速科学发现。

---

[1] 董璐,李宜展,李云龙,等.美国能源部重大科技基础设施对我国开放服务趋势研究及启示[J].中国科学院院刊,2024,39(3):459-471.DOI:10.16418/j.issn.1000-3045.20231214002.

本章小结

数据、算力、模型等科学研究要素虽然在开放的内涵、逻辑、形式、成熟度等方面存在差异，且面临着不同的技术、组织、机制等挑战。但通过本章对科学研究要素开放现状的梳理，我们可以看到，政产学研各界在科学要素应尽可能开放上已基本形成共识，并在开展大量实践工作的同时，不断尝试机制与技术创新，为开放科学的可持续发展奠定了基础。

本章第一节梳理了科学数据开放获取的内容、形式与面临的挑战，并对其未来的发展做出展望。阐明科学数据对国家科技创新和经济社会发展所起到基础性战略作用，我国科学数据"井喷式"增长，引发天文科学、地球科学和生命科学等重要领域的研究方法变革。通过文献计量分析的方法归纳出科学数据开放获取具备参与地区不断扩大、跨学科合作不断深化、形式及载体日趋多样化等特征。以科学数据的主流获取形式和运营模式总结科学数据开放获取现状特征，并提出当前仍存在开放获取发展不均衡、所有者共享意愿低、数据知识产权困境等一系列挑战，最后，从技术、管理、安全和要素流通等方面描绘了未来图景。

第二节在背景资料中介绍了计算能力在推动人类科技发展过程中处于重要位置，始终是人类发现和探索自然与社会规律的关键助力。随

后，系统概括了当前科学领域开放算力结构多元化、科学算力开放供给多样化等现状特征。分析算力作为一种具有排他性与竞争性的产品，在开放科学实践中遇到安全、性能、效能与公平等方面的问题与挑战。并提出科学算力高水平开放的未来图景，推动通用计算、智能计算、专用计算、量子计算等各类计算资源的高效合作共享，为来自各方的科学参与者提供高质量的普惠计算资源。

第三节将智能计算视域下科学参与者从事各类科学活动过程中，运用 AI 技术构建的可获取、可使用或可改进的智能化模型作为讨论对象，在背景资料中梳理了人工智能技术驱动科学模型演进的主要历程。随后，总结出科学模型具备多层次、透明性与灵活性等特征，提出科学模型的开放不仅是模型成果的开放，更是依托多种载体开展模型搭建全过程的开放。此外，科学模型的发展一方面依托于高质量的数据和高效的计算资源，另一方面也受制于其自身的"黑箱"属性、跨学科模态整合和尚未完善的各项标准与机制。在未来，基于 AI 的科学模型将助力科学研究范式彻底变革，更多的非 STEM 学科也将搭上 AI 发展的快车，在领域科学模型的构建与开放中获得新突破。

第四节首先明确了科学基础设施的范围，既包含了科学设备或成套仪器等各类大型物理设备和设施，也包含了数据资源与计算平台、知识型资源库等虚拟的基础设施。随后，探讨总结了科学基础设施共享具备从自然科学领域向全学科延伸、以非营利性为导向和低成本、可持续化管理模式等特征，并以公共普惠共享、市场规则和战略合作共享为主要运营模式，以保障科学基础设施资源的有序、高效利用。然而，科学基础设施的开放也面临缺乏标准体系及技术能力保障、市场化运行机制有待完善、难以满足用户多元化研究需求等困境。放眼未来,科学数据基础设施将成为突破科学前沿的"新引擎",更加多元的社会主体参与将成为促进科学基础设施开放的关键力量,打造跨学科、跨时空的科学基础设施生态成为必然趋势。

第五章

开放科学治理要素

为了进一步推进开放科学实施，释放开放科学价值，本章提出从政策、技术、文化以及标准四大要素构建开放科学治理体系。政策作为治理体系的基石，为开放科学实践提供清晰的指导框架和必要的支持机制。技术作为人工智能时代开放科学治理的重要支撑，帮助促进开放资源的有效存储、高效处理、有机共享乃至融合创新。文化是推进开放科学不可或缺的一环，旨在营造一个兼容并包的科学环境，鼓励开放科学主体的积极参与和充分交流。最后，标准的制定与实施则为深化治理体系提供了重要保障，确保了开放科学体系常态化、平稳化运行。通过这些治理要素之间的协同作用，开放科学将能够有效地突破传统科学领域的界限，从而在全球范围内促进知识的共享与合作创新，进而加速科学研究的发展进程。

第一节

政策引领：制定促进开放科学的规章制度

政策作为开放科学治理的核心支柱，发挥着引领、规范和保障的重要作用。它涉及国家、国际组织、科研机构和资助机构等多个主体，旨在通过制定一系列规章制度，为开放科学的发展营造良好的环境，促进科学研究的广泛交流与合作，提高科研资源的利用效率，加速科学知识的传播和应用。

一、开放数据政策

开放数据政策需要规定科学数据的开放范围、开放程度、开放时间、开放方式等具体要求，保障数据的有序开放和合理利用。

（一）开放范围的界定

明确科学数据的开放范围是制定开放政策的首要任务。这需要综合考虑数据的性质、敏感度、涉及的研究领域以及可能产生的影响：对于一般性的科研数据，如公开采集的自然现象观测数据、经过匿名化处理的社会调查数据等，可以广泛开放；而对于涉及国家安全、个人隐私、

商业机密等敏感数据，则需要在严格的保护措施下，有条件地开放或限制开放。例如，在环境科学研究中，大气污染物浓度监测数据可以在去除特定敏感地点信息后向公众开放，以促进公众对环境质量的了解和监督；但在军事领域的科研中，有关新型武器性能测试的数据则应严格限制开放范围。

（二）开放程度的划分

根据数据的重要性和敏感性，将开放程度划分为不同级别，如完全开放、有限开放和内部使用等。完全开放的数据可以自由获取和使用，有限开放的数据则通常需要注册、签署使用协议或在特定条件下使用，内部使用的数据则仅限于特定研究团队或机构内部使用。以医学研究为例，大规模临床试验的汇总数据可以完全开放，以促进医学知识的共享和新疗法的研发；而患者的详细个人医疗记录仅限于开放给经过授权的研究人员，用于特定疾病的深入研究；某些正在进行中的机密药物研发数据则仅限内部使用。

（三）开放时间的确定

合理确定数据的开放时间，既要考虑到保护科研团队的优先发表权和知识产权，又要避免过长的封闭期导致数据的价值流失。一般来说，在科研成果发表后的一定时间内，应逐步开放相关数据。对于时效性较强的数据，如新冠疫情期间的流行病学数据，应尽快开放；而对于需要长期积累和深入分析的数据，开放时间可以相对延后。例如：在物理学领域，一项关于新型材料特性的研究成果发表后，可在半年内开放实验数据，以便其他研究团队进行验证和拓展研究；而在历史学研究中，对于长期的档案数据整理成果，可能在成果发表后的一到两年内逐步开放。

（四）开放方式的选择

开放方式包括数据仓库、数据共享平台等多种形式。数据仓库适合大规模数据的存储和管理，数据共享平台则提供了数据交流和协作的环境。此外，还可以采用开放 API（应用程序编程接口）的方式，允许第三方开发者基于数据开发新的应用和服务。随着数据量的增长和对数据价值保护的日益重视，域内开放、基于隐私计算的开放也越来越流行。域内开放，即用户仅能在数据提供者指定的计算空间内进行数据开发和使用。基于隐私计算的开放，即数据提供者仅允许用户在不可见的情况下应用隐私计算技术进行数据开发。

二、开放代码政策

在当今数字化高速发展的时代，开放代码政策对于推动科学研究、技术创新以及促进知识共享起着至关重要的作用。开源软件和开放源代码不仅能够加速科技进步的步伐，还能够激发全球范围内科研人员的创造力和合作精神。

（一）开源范围的界定

明确哪些类型的软件和代码应纳入开源范畴，如科研工具软件、数据分析代码、模拟仿真软件等。在科学研究中，许多领域都依赖特定的软件工具来进行数据处理、模型构建和结果分析。例如，在生物学领域，DNA 序列分析软件对于基因组学研究至关重要。将这类科研工具软件开源，可以让更多的研究人员受益，加速科学发现的进程。考虑不同学科领域的特殊需求，确定特定领域中具有重要价值的代码是否需要开源。不同学科领域往往有其独特的研究方法和需求。以物理学为例，高能物理实验通常需要复杂的数据分析软件来处理大量的实验数据。这些软件的开源可以促进国际合作，提高数据处理的效率和准确性。而在医学领域，一些用于疾病诊断和治疗的软件可能涉及患者隐私和医疗安全等问题，需要谨慎考虑开源的范围和方式。

（二）开源程度的划分

根据具体情况合理划分开源程度，如完全开源、部分开源、有条件开源等。完全开源，即代码完全公开，任何人都可以查看、修改和分发。例如，Linux 操作系统就是一个完全开源的软件，全球的开发者都可以参与其开发和改进。在科研领域，一些基础的数据分析工具和算法可以采用完全开源的方式，以促进方法的普及和应用。部分开源，即只公开部分关键代码或特定功能模块的代码。这种方式可以在保护核心技术的同时，让其他研究人员了解和使用部分代码。例如，一些商业公司可能会将其开发的科研软件的部分代码开源，以吸引用户和促进技术的发展。有条件开源，在满足一定条件下（如注明来源、用于非商业目的等）才允许使用和修改代码。例如，一些开源许可证要求使用者在使用开源代码时必须注明代码的来源，并遵守一定的使用条款。这种方式可以确保开源代码的合法使用，同时保护开发者的权益。

（三）开源时间的确定

规定新开发的软件和代码在完成后的多长时间内实现开源，例如在项目结题后一个月内或软件发布后的半年内开源。这样可以确保科研成果能够及时共享，同时也给开发者一定的时间来整理和完善代码。例如，一个由政府资助的科研项目，在项目结题后一个月内将开发的软件代码开源，可以让更多的研究人员受益于该项目的成果，提高公共资金的使用效益。对于正在进行的项目，明确阶段性代码开源的时间节点，以便其他科研人员及时了解项目进展并提供反馈。例如，一个长期的科研项目可以在每个重要的阶段（如项目启动、中期评估、结题等）发布部分代码，有助于其他研究人员了解项目的进展情况，并提供宝贵的意见和建议。这样可以促进项目的顺利进行，提高项目的质量和影响力。

（四）开源方式的选择

确定使用的开源平台和工具，如 GitHub、GitLab 等代码托管平台。这些平台提供了方便的代码管理、版本控制和协作功能，可以让开发者

更好地管理和分享代码。例如，许多科研项目都选择在 GitHub 上开源其代码，以便其他研究人员可以轻松地查看、下载和贡献代码。规范开源代码的提交、审核和发布流程，确保代码的质量和安全性。例如，建立一个代码审核机制，由专业的开发者对提交的代码进行审核，确保代码符合一定的质量标准和安全要求。同时，明确代码的发布流程，确保代码能够及时、准确地发布到开源平台上。明确代码的文档要求，包括代码注释、使用说明、开发日志等，以便其他用户能够更好地理解和使用开源代码。良好的文档可以提高代码的可维护性和可扩展性，让其他用户能够更快地上手使用代码。例如，在代码中添加详细的注释，说明代码的功能、参数和使用方法；提供一份详细的使用说明，介绍如何安装、配置和使用代码；记录开发日志，记录代码的开发过程和重要的变更。

三、开放激励政策

考虑在科研项目立项和考核中纳入开放科学相关指标，激励科研团队积极践行开放科学理念。建立对积极参与开放科学活动、做出突出贡献的个人和团队的认可和奖励制度，激发科研人员的热情。

（一）立项阶段

在科研项目立项阶段，将开放科学的理念和指标纳入评审标准。评估项目的研究方案是否包含数据共享计划、是否采用开放的研究方法和工具、是否具备与其他团队协作的可能性等。这将鼓励科研团队在项目设计之初就考虑开放科学的实践，为后续的研究成果开放和共享奠定基础。比如，对于一个关于新型能源技术的研究项目申请，如果团队在立项方案中明确提出将建立开放的实验数据平台，与其他研究机构共享研究成果，并计划采用开源的模拟软件进行研究，那么该项目在立项评审中可能会获得更高的评价和优先资助。

（二）科研过程

建立对积极参与开放科学活动、作出突出贡献的个人和团队的认可和奖励制度，激发科研人员的热情。奖励形式可以包括荣誉称号、奖金、科研项目优先资助、职称晋升加分等。同时，通过宣传和表彰优秀案例，树立开放科学的榜样，营造积极向上的科研氛围。比如，设立"开放科学之星"年度奖项，表彰在数据共享、开放协作等方面表现卓越的科研人员和团队，并在科研界广泛宣传他们的事迹和经验；对于在开放科学方面作出重大贡献的科研人员，在职称晋升时给予额外的加分和优先考虑。

（三）验收阶段

在科研项目的中期考核和结题验收中，设置专门的开放科学指标，如数据开放的程度和效果、研究成果的传播和影响力、与其他团队的协作成果等。按照这些指标进行评估，全面衡量科研项目的质量和贡献，

不仅关注研究成果的学术价值,还注重其对开放科学发展的推动作用。例如,对于一个医学研究项目的结题考核,除了评估研究成果在学术期刊上的发表情况,还会考察项目团队是否按时开放临床试验数据、研究成果是否在临床实践中得到广泛应用、是否与其他医疗机构开展了合作研究并进行经验共享等。

四、科研诚信政策

在开放科学的时代背景下,科研诚信政策的制定与实施至关重要,它如同坚实的基石,支撑着科学研究,确保开放科学能够有序、健康地推进。以下是对科研诚信政策各方面的详细阐述。

(一)诚信文化的营造

树立科研诚信榜样,表彰和奖励在科研诚信方面表现突出的个人和团队。定期开展科研诚信先进个人和团队评选活动,对在科研活动中始终坚持诚信原则、取得突出成绩的个人和团队进行表彰和奖励。例如,可以设立科研诚信奖,对获奖者给予物质奖励和荣誉称号,并在学术会议、媒体等场合进行宣传,树立科研诚信榜样。营造良好的科研氛围,倡导诚实守信、严谨治学的科研文化。科研机构加强科研文化建设,营造尊重知识、尊重人才、尊重创新的良好氛围。通过开展学术道德讲座、科研诚信主题活动等形式,倡导诚实守信、严谨治学的科研文化。同时,加强对科研人员的人文关怀,提高科研人员的职业满意度和幸福感，减少科研不端行为的发生。加强学术交流与合作，促进科研人员之间的相互监督和自我约束，共同维护科研诚信。鼓励科研人员积极参与国内外学术交流活动，分享科研成果和经验，提高科研水平。在学术交流活动中，加强科研人员之间的相互监督和评价，对发现的科研不端行为及时进行举报和处理。同时，建立科研合作的诚信机制，明确合作各方的权利和义务，加强对合作项目的监督和管理，共同维护科研诚信。

（二）诚信教育的强化

定期开展科研诚信培训，包括学术道德规范、知识产权保护、数据真实性等方面的内容。定期组织科研诚信专题研讨会，邀请专家学者讲解国内外科研诚信的最新案例和发展趋势。例如，可以邀请在国际知名学术期刊担任编辑的专家，分享他们在处理论文投稿过程中遇到的科研不端行为，以及如何防范这些行为。

同时，针对不同学科领域的特点，定期开展针对性的科研诚信培训。如在医学领域，重点讲解临床试验数据的真实性和伦理规范；在工程领域，强调科研成果的实际应用和安全性。将科研诚信教育纳入科研人员的职业发展规划，与职称评定、绩效考核等挂钩。建立科研诚信考核指标体系，将科研人员在科研活动中的诚信表现作为重要的考核内容。例如，在职称评定过程中，对有科研不端行为记录的人员实行一票否决制；在绩效考核中，对科研诚信表现优秀的人员给予适当的奖励。

鼓励科研机构为科研人员提供科研诚信培训的机会，将参加培训的情况作为职业发展的重要参考。利用多种渠道宣传科研诚信的重要性，

如举办学术讲座、发布宣传资料、开展诚信主题活动等。通过学术会议、学术讲座等形式，宣传科研诚信的重要性和具体要求。例如，在学术会议中设置科研诚信专题报告环节，邀请专家学者分享科研诚信的经验和体会。

制作科研诚信宣传资料，如海报、手册、视频等，发放给科研人员和学生，提高他们对科研诚信的认识。开展科研诚信主题活动，如科研诚信征文比赛、知识竞赛等，激发科研人员和学生的参与热情，营造浓厚的科研诚信氛围。

（三）诚信监督的落实

建立健全科研诚信监督机制，包括内部监督和外部监督。

内部监督由科研机构自身负责，建立科研诚信档案，对科研人员的行为进行记录和评估。科研机构设立科研诚信管理部门，负责制定科研诚信管理制度、开展科研诚信教育、受理科研不端行为举报等工作。建立科研人员诚信档案，记录科研人员在科研活动中的诚信表现，如论文发表情况、科研项目申报和执行情况、学术交流活动参与情况等。对科研人员的诚信表现进行定期评估，将评估结果作为职称评定、绩效考核等的重要依据。

外部监督由政府部门、学术团体、公众等共同参与，对科研不端行为进行举报和调查。政府部门加强对科研活动的监管，建立科研不端行为举报平台，受理公众对科研不端行为的举报。学术团体发挥行业自律作用，制定学术规范和职业道德准则，对科研不端行为进行调查和处理。公众通过各种渠道，如媒体、网络等，对科研活动进行监督，发现科研不端行为及时举报。

加强对科研项目的全过程监督，从项目申报、实施到结题，确保科研活动的真实性和合法性。在科研项目申报阶段，对项目申报材料的真实性和可行性进行审查，防止虚假申报和重复申报。在项目实施阶段，对项目的进展情况进行跟踪检查，确保项目按照计划进行。在项目结题阶段，对项目的成果进行验收和评估，防止成果造假和夸大。同时，建立科研项目信息公开制度，将项目的申报材料、进展情况、结题报告等信息向社会公开，接受公众的监督。

利用信息技术手段，如大数据分析、人工智能等，对科研数据和成果进行监测和分析，及时发现潜在的诚信问题。利用大数据分析技术，对科研论文、专利等成果进行查重和比对，发现抄袭、剽窃等不端行为。利用人工智能技术，对科研数据进行分析和挖掘，发现数据造假、篡改等问题。同时，建立科研诚信预警机制，对可能存在诚信问题的科研人员和项目进行预警，及时采取措施加以防范。

（四）违规惩处的明确

制定明确的科研不端行为处罚措施，包括但不限于警告、通报批评、撤销项目、取消职称评定资格等。根据科研不端行为的严重程度，制定相应的处罚措施。例如：对于轻微的科研不端行为，如数据记录不规范、引用不当等，可以给予警告或通报批评；对于较为严重的科研不端行为，如抄袭、剽窃、伪造数据等，可以撤销项目、取消职称评定资格等。

同时，建立科研不端行为处罚的申诉机制，保障科研人员的合法权益。建立科研诚信"黑名单"制度，对严重违反科研诚信的人员进行公开曝光，并限制其在一定时间内参与科研活动。将有严重科研不端行为记录的人员列入科研诚信"黑名单"，向社会公开曝光。在一定时间内，限制这些人员参与科研项目申报、职称评定、学术交流等活动。

建立科研诚信"黑名单"的退出机制，对经过整改并符合一定条件的人员，可以从"黑名单"中移除。加强对科研不端行为的法律制裁，依法追究相关人员的法律责任。对于情节严重的科研不端行为，如伪造科研成果、骗取科研经费等，依法追究相关人员的刑事责任。同时，加强对科研不端行为的民事制裁，如要求侵权人赔偿损失、消除影响等。通过法律制裁，提高科研不端行为的违法成本，维护科研诚信的良好秩序。

五、知识产权政策

制定合理的知识产权政策，平衡开放共享与创新激励，在明确开放科学成果的利益分配机制的前提下，调动各方的积极性。

（一）共享与创新共衡

在制定知识产权政策时，要妥善平衡开放共享与创新激励之间的关系。一方面，要鼓励科研人员将研究成果开放共享，促进知识的传播和应用；另一方面，也要保障科研人员的创新权益，激励他们持续开展创新研究。这需要在政策中明确知识产权的归属和使用规则，确保科研人员在开放共享的同时，能够获得合理的回报和激励。例如，在软件开发领域，开源软件的发展离不开开放共享的理念，但同时也通过各种开源协议保障了开发者的署名权和一定的商业使用限制，从而激励更多的开发者参与到开源项目中来。

（二）成果利益细分配

明确开放科学成果产生的利益分配机制，包括经济利益、学术声誉和社会影响等方面。对于通过开放科学成果获得的经济收益，如专利许可费用、数据销售收益等，应根据贡献程度在科研团队、科研机构和资助机构之间进行合理分配；对于学术声誉的提升，如论文引用、学术奖项等，应给予主要贡献者充分的认可和奖励；对于产生的社会影响，如改善公共服务、促进产业发展等，应通过政策引导和社会评价机制进行评估和反馈。比如，一个由多个科研机构合作完成的重大科研项目，通过开放共享研究成果，成功推动了一项新技术的产业化应用，产生了巨大的经济效益。在利益分配时，应根据各机构和人员在项目中的贡献大小，合理分配专利许可费用和商业合作收益。

合理的知识产权与利益分配政策能够调动各方的积极性，包括科研人员、科研机构、企业和社会公众等。科研人员能够更加积极地参与开放科学活动，科研机构更加重视开放科学的发展和管理，企业更加愿意与科研机构合作，将开放科学成果转化为实际生产力，社会公众也能够从开放科学中获得更多的实惠和便利。例如，在生物医药领域，通过明确知识产权政策和利益分配机制，鼓励科研机构与药企开

展合作,加速新药研发和上市,既为科研人员带来了经济回报和学术声誉,也为药企带来了商业利益,同时为患者提供了更多有效的治疗选择。

典型案例

开放科学政策制定案例

美国开放科学运动走在世界前列,自美国政府 1966 年发布《信息自由法》以来,接连发布了多个政策文件,促进美国开放科学运动迅速发展。盛小平等人❶通过检索美国政府部门及相关独立机构的官方网站,并结合 Westlaw 法律全文数据库,通过数据清洗得到美国联邦政府和相关机构发布的 22 份开放科学政策文件,由此梳理出 39 份美国关于开放科学的政策,如表 5-1 所示。

在进一步翻译、核对、汇总上述文件的基础上,采用扎根理论分析方法进行三级编码,将美国的开放科学政策梳理为三级类属,共 110 个概念。分析发现美国建立了由开放数据政策、开放获取政策、公众科学政策、科研诚信政策、开放创新和开放合作政策、开放软件和源代码政策以及开放教育政策组成的开放科学政策体系,能够为美国各种开放科学实践提供全面的政策保障。

---

❶ 盛小平,张泰宇.创新发展:美国开放科学政策及其启示[J].图书馆论坛,2024(7):139-149.

表 5-1 美国开放科学政策文件

序号	政策文件名称	发布或修订年份
1	2007 开放政府法	2007
2	2009 科研诚信总统备忘录	2009
3	开放政府头脑风暴的总结：合作	
4	开放政府头脑风暴的总结：透明度	
5	简报：开放的政府伙伴关系	2011
6	奥巴马政府对开放政府承诺的进展报告	
7	简报：纪念开放政府伙伴关系两周年的进展	2013
8	开放数据汇总	
9	增加获得联邦资助的科学研究成果的机会	
10	使开放和机器可读成为政府信息的新默认值	
11	开放数据政策——将信息作为资产进行管理	
12	NASA 增加获取开放科学研究成果的计划	2014
13	2014—2018NSF 战略计划	
14	2014 数字问责和透明度法案	
15	内政部开放政府计划 3.0	
16	简报：在开放政府伙伴关系建立三周年之际宣布美国对开放政府的新承诺	
17	NIH 开放获取政策	2015
18	公开获取公共科学法	
19	开放政府数据法	2016
20	简报：美国对开放政府伙伴关系和开放政府的承诺	
21	2015 公平获取科学技术研究法	

续表

序号	政策文件名称	发布或修订年份
22	2016 信息自由法改进法案	2016
23	NSF 开放政府计划 4.0	
24	卫生和公众服务部开放政府计划 4.0	
25	商务部开放政府计划 3.5	
26	众包和公众科学法	2017
27	2020 联邦数据战略行动计划	2019
28	2021 联邦数据战略行动计划	2021
29	NOAA 公众科学战略	
30	2021 科研诚信总统备忘录	
31	SPARC 开放获取政策——美国纳税人有权获得他们资助的研究成果	
32	OSTP 开放获取国会报告	
33	美国政府科研诚信政策评估报告	2022
34	开放数据出版	
35	第五份美国开放政府国家行动计划	
36	公众科学 SMD 政策文件 SPD-33	
37	确保免费、即时、公平地获得联邦资助的研究	
38	SMD 科研信息政策	
39	NSF 公开获取计划 2.0	2023

第二节

技术支撑：构建开放共享的基础设施

构建开放共享的基础设施是提供有效技术支撑的重要基础，然而，在开放科学基础设施建设进程中，仍面临一系列挑战。例如：如何高效整合多源异构的数据；如何破除学科之间的数据壁垒以推动跨学科合作；如何从容应对海量数据的存储与处理需求；如何确保数据存储的稳定可靠；如何依照实际需求灵活动态地调整资源分配；如何保证数据的完整性与可信度，防范数据遭受恶意篡改；如何缩减共享资源的传输时间以及提升开放合作的协作效率等。大数据技术、云计算技术、区块链技术在治理这些问题方面发挥着至关重要的作用。

一、大数据技术

随着数据开放实践的日益深入，开放数据的范围与种类快速增长，大数据技术在协助科研参与者有效检索、管理、分析海量数据，充分发挥开放数据的价值中发挥了巨大作用，有效推动了多源数据的融合与多学科数据的集成。在数据检索与查询方面，能实现庞大数据的快速检索与查询。对于复杂数据分析，它能够助力科研人员深入洞察数据背后的规律与关系。此外，直观的数据可视化功能，不仅有助于科研人员之间

的交流与沟通，还能提升科学研究的透明度与可重复性。

（一）数据整合与集成

开放科学涉及来自不同领域、不同研究机构、试验设备的多样化数据，并且原始数据存在噪声、缺失值和不一致性等问题，需要进行清洗和预处理。数据清洗包括去除重复数据、纠正错误数据和填补缺失值等操作；预处理则包括数据标准化、归一化和特征工程等，为后续的数据分析和挖掘提供高质量的数据。

例如，在气象研究领域，传感器采集到的气象数据可能存在异常值和缺失值。通过数据清洗和预处理，去除异常值，采用合适的方法填补缺失值，能够提高气象预测模型的准确性。

数据清洗的目的是提高数据的质量，为后续的分析和挖掘提供可靠的数据基础，在实际应用中，根据数据的特点和分析目的选择合适的数据清洗方法。例如，对于时间序列数据，可以采用时间序列插值方法来填充缺失值；对于分类数据，可以采用众数填充法来处理缺失值。

数据转换是将原始数据转换为适合分析和挖掘的形式的过程。常见的数据转换操作包括数据标准化、数据归一化、数据离散化等。例如，数据标准化可以将数据的取值范围标准化到特定的区间，如将数据标准化到均值为0、方差为1的正态分布，这样可以消除不同变量之间量纲和取值范围的差异，便于进行数据分析和比较。

通过数据清洗、转换和标准化等操作，将多源异构数据转换为统一格式，消除数据差异实现数据融合，便于后续分析处理，也可以打破学科之间的数据壁垒。例如，在环境科学与生态学的交叉研究中，将气象数据、地理信息数据、生物多样性数据等进行集成，有助于揭示生态系统与环境变化之间的复杂关系。

（二）数据分析与挖掘

科学研究中的数据往往具有复杂性和高维度的特点。大数据分析技术，如机器学习算法、统计分析方法、数据挖掘技术等，能够处理复杂的数据，实现数据驱动探索，进而发现新的科学规律和现象。描述性统计分析是对数据的基本特征进行分析和总结的方法，包括计算数据的均值、中位数、标准差、方差等统计量，以及绘制数据的直方图、箱线图等图形。

推断性统计分析是基于样本数据对总体特征进行推断的方法，包括参数估计、假设检验等。例如，从总体中抽取样本，利用样本数据对总体的均值、方差等参数进行估计；通过假设检验来判断两个样本是否来自同一总体，或者判断一个样本是否符合某种特定的分布等。监督学习是一种机器学习方法，在训练过程中需要已知输入数据和对应的输出数据（标签）。常见的监督学习算法包括线性回归、逻辑回归、决策树、支持向量机、随机森林等。无监督学习是在训练过程中不需要已知输出数据的机器学习方法，主要用于发现数据中的潜在模式和结构。常见的无监督学习算法包括聚类算法（如 K-Means 聚类、层次聚类等）和主成分分析（PCA）等。例如：通过 K-Means 聚类可以将一组数据点划分为不同的簇，每个簇中的数据点具有相似的特征；PCA 可以用于数据降维，将高维数据投影到低维空间中，同时保留数据的主要特征。关

联规则挖掘用于发现数据集中不同项之间的关联关系。

在许多科学领域，如天文学、地球科学、生物学等，大数据分析可以帮助科研人员从海量的数据中发现以前未曾察觉的模式和趋势。例如，在天文学中，通过对大量的天体观测数据进行分析，天文学家发现了新的天体和天文现象。通过对星系的光谱数据、图像数据等进行挖掘，可能会找到一些异常的信号或特征，这些可能是新天体存在的线索。科学理论通常需要通过实验数据或观测数据进行验证。

大数据分析可以对大量的实验和观测数据进行处理和分析，以检验科学理论的正确性和适用性。例如，在物理学中，通过对高能物理实验数据的分析，可以验证粒子物理理论模型的准确性。如果实验数据与理论模型的预测相符，那么可以增强对该理论的信心；如果存在差异，则需要对理论进行修正或提出新的理论。

在科学实验中，实验参数的选择对实验结果有着重要的影响。大数据分析可以通过对以往实验数据的分析，找出实验参数与实验结果之间的关系，从而为优化实验参数提供依据。例如，在化学实验中，通过对大量化学反应实验数据的挖掘，可以确定最佳的反应温度、压力、反应物浓度等参数，提高化学反应的产率和选择性。

（三）数据分类与索引

数据分类与索引技术是科学研究中重要的工具和手段，它们有助于科研人员更高效地处理和分析数据，推动科学研究的进展。数据分类的作用包括提升数据理解、发现数据模式、提高数据质量、便于数据管理、支持针对性分析；索引技术的作用包括快速数据检索、促进多源数据整合、提升数据共享效率、优化数据库性能。

数据分类技术包括决策树分类、朴素贝叶斯分类、支持向量机分类等，数据索引技术涵盖 B 树索引、哈希索引、倒排索引等。决策树分类是一种基于树结构的分类算法。它通过对数据的一系列特征测试，将数据逐步划分到不同的分支，最终到达叶子节点，每个叶子节点代表一个类别。例如，在一个判断水果类别的决策树中，可能首先根据颜色特征进行划分，然后再根据形状特征进一步细分，直到确定水果的类别。朴素贝叶斯分类是基于贝叶斯定理和特征条件独立假设的分类方法。它计算每个类别在已知数据特征下的概率，然后根据概率大小进行分类。支持向量机分类通过寻找一个超平面来对数据进行分类，使得不同类别的数据点到超平面的距离最大化。它将数据映射到高维空间，在高维空间中寻找最优分类超平面。例如，在二维空间中难以线性划分的数据，通过核函数映射到高维空间后可能实现线性可分。B 树是一种平衡的多路搜索树，它的每个节点可以包含多个关键字和子节点指针。中间节点的关键字起到划分数据范围的作用，叶子节点存储实际的数据记录或指向数据记录的指针。哈希索引通过哈希函数将索引键映射到一个哈希表中，哈希表中的每个桶（bucket）存储了具有相同哈希值的数据记录或指针。倒排索引主要用于文本检索领域。它将文档中的每个单词（或短语）作为索引键，建立一个从单词到包含该单词的文档列表的映射。

在天文学研究中，面对海量的天体观测数据，通过数据分类可以将不同类型的天体（如恒星、行星、星系等）区分开来，并对其各种特征（如光度、颜色、频谱等）进行归类。同时，利用索引技术可以快速

检索到特定天体或特定时间段的观测数据，以便进行进一步的分析和研究，例如寻找新星、研究星系演化等。又如，在生物医学研究中，数据分类可用于区分不同的疾病类型、患者特征、基因数据等。索引技术能够快速查询特定疾病的相关基因信息或特定患者的病历记录，有助于疾病诊断、药物研发等方面的研究。在生物信息学领域，基因序列数据数量庞大且复杂。通过对基因序列进行分类，如按照物种、基因功能等参数进行分类，并建立相应的索引，研究人员能够快速找到所需的基因序列数据，加快研究进程。

（四）数据可视化交互

数据可视化与交互技术在科学研究中具有重要作用，包括但不限于以下几个方面。

首先，它能直观呈现复杂数据，将抽象、复杂的数据以直观的图形、图表等形式展示，帮助科研人员更快速、清晰地理解数据的内涵、结构和特征，正所谓"一图胜千言"。在大量的实验数据中，可视化可以呈现出某些变量之间的相关性或周期性规律。

其次，数据可视化使不同专业背景的科研人员能够更有效地交流和理解彼此的研究成果，复杂的数据通过可视化变得更容易被理解，减少了专业术语和学科差异带来的沟通障碍，促进跨学科交流。

最后，科研人员可以通过交互操作，动态地改变数据的展示方式、筛选条件等，从不同角度深入分析数据，进而验证假设和模型。例如，通过缩放、过滤等交互功能，聚焦于特定数据子集进行详细分析，辅助数据分析和验证。

数据可视化和交互技术能够快速呈现关键信息，减少科研人员在理解数据上花费的时间和精力，从而提高研究工作的效率，他们可以更快地获取所需信息，及时发现问题并调整研究方向，提升研究效率。

清晰地展示数据的分布、异常值等情况，有助于避免对数据的误读或错误分析，从而增强研究的准确性。

数据可视化和交互技术还能启发新的研究思路，以新颖的方式呈现数据，可能会激发科研人员产生新的想法和研究视角，发现之前未曾考虑到的问题或关系，推动科学研究的创新和发展。

便于数据共享和传播，直观的可视化结果更易于在学术会议、报告、论文中展示和分享，促进科研成果的广泛传播和讨论，也方便其他科研人员在此基础上进行进一步的研究。

在物理学领域，例如粒子物理研究中，大量粒子的运动轨迹、相互作用等数据极为复杂。通过数据可视化技术将这些数据转化为三维模型或动态图像，可以直观地展示粒子的运动状态和相互作用过程，帮助科研人员更好地理解粒子的行为规律和物理特性。在生态学研究中，将物种分布、生态系统的能量流动等数据进行可视化，可以揭示生态系统的结构和功能模式。

数据交互的作用体现在支持动态探索和深入分析，在天文学研究中，天文学家面对大量的天体观测数据。通过交互技术，人类可以对星空图像进行缩放、旋转和平移操作，仔细观察不同天体的细节特征。同时，可以根据特定的条件（如天体的亮度、颜色、位置等）进行筛选和过滤，集中研究感兴趣的天体或天体区域，深入探索天体的性质和演化规律。

二、云计算技术

云计算技术是一种基于互联网的计算方式，将计算资源（包括服务器、存储、数据库、网络、软件等）以服务的形式提供给用户。通常具有弹性可扩展性、高可靠性、按需服务、便捷性等主要特点，服务模式包括：技术设施即服务（IaaS）、平台即服务（PaaS）、软件即服务（SaaS）。

通过搭建具备高性能计算能力的平台，满足复杂科学计算和模拟的需求，为科研创新提供坚实的技术保障。云计算技术对于促进开放科学具有重大意义。不仅可以完成大规模数据处理与复杂模拟和建模，加速科学研究进程；还使得不同地点的科研人员能够实时协作，共同开展研究项目，支持了协同研究与创新。该技术支持代码和算法的大规模测试和验证，在多个计算节点上运行相同的代码和算法，可以发现潜在的错误和性能问题，验证其性能和泛化能力，提高了科学研究的可靠性和可重复性。科研人员可以将自己的数据上传到云计算平台上，与其他科研人员共享，推动科学数据的开放共享；云计算平台通常是开放的，提供了丰富的开发工具和接口，方便科研人员进行二次开发和集成。云计算技术推动了开放科学的发展，使得科学研究更加开放、透明、可重复。

（一）高性能计算能力的支持

科学研究中的复杂计算和模拟需要强大的计算能力支持，而云计算技术为开放科学提供了强大的高性能计算能力，通过构建高性能计算平台，包括超级计算机、集群计算和云计算等，能够满足不同规模和类型的计算需求。

超级计算机具有极高的计算速度和存储容量，适用于大规模的科学计算；集群计算通过将多个计算机节点连接起来，协同完成计算任务；云计算则提供了灵活的计算资源租赁服务。科研人员可以通过云计算平台租用计算资源，进行大规模的数据处理、模拟仿真和科学计算。在材料科学研究中，通过高性能计算模拟材料的微观结构和性能，能够大大缩短新材料的研发周期，例如，利用超级计算机对纳米材料的力学性能进行模拟，为材料的设计和优化提供重要依据。

（二）并行与分布式计算技术

云计算平台支持并行计算和分布式计算技术，可以将大规模的计算任务分解为多个子任务，分配到不同的计算节点上并行执行。为了提高计算效率，缩短计算时间，并行计算和分布式计算技术被广泛应用。

并行计算需要将计算任务进行分解，把它拆分为多个子任务，然后同时在多个处理器或者核心上开展计算工作。分布式计算需要把计算任务分布在多个计算节点上，借助网络让这些节点协同起来共同完成计算任务。在气候模拟研究领域，采用并行计算和分布式计算技术，能够同时模拟全球不同地区的气候状况，提高气候模型的精度和计算速度。在生物医学领域，一些国际组织建设了分布式的数据共享平台，科研人员可以将自己的基因组数据、临床数据等上传到平台上，与全球的科研人员共享，共同推动疾病研究和治疗的进展。

（三）计算资源的配置与调度

在开放科学的大背景下，计算资源的合理配置与高效调度起着至关重要的作用，为开放科学提供了强大的技术支持。不仅能确保资源的高效利用，避免浪费，还能及时发现和解决资源瓶颈问题，为科研人员提供稳定、高效的计算环境。

云计算利用虚拟化技术将物理资源抽象为虚拟资源，使得多个不同的应用和用户可以共享这些资源，将大量的物理资源汇聚成一个资源池，资源池中的资源可以被统一管理和调度，根据用户的需求进行动态分配。

云计算平台通常使用负载均衡技术分配计算资源，根据各个节点的负载情况，将用户的请求分发到负载较轻的节点上处理，并且可以通过自动化管理系统实现计算资源的配置与调度。平台根据预设的策略和规则，自动地对资源进行分配、调整和回收，还会使用智能调度算法来优化计算资源的分配和调度。这些算法可以根据用户的需求、资源的可用性和系统的负载情况等因素，自动地选择最优的计算节点和资源分配方案。

（四）人工智能技术融合搭载

云计算技术与人工智能技术两者相互促进、相互依存，为开放科学的发展带来了诸多积极作用。云计算技术拥有大规模的服务集群和强大的计算资源，能够为人工智能的训练和推理提供充足的算力保障，人工智能技术可以对云计算资源进行智能化管理和优化。

用户可以直接在云平台上部署人工智能服务，如自然语言处理、图像识别、机器学习等，通过 API 等方式便捷地调用这些服务，将人工智能功能集成到自己的应用或业务中，无须自己搭建复杂的人工智能计算环境。还可以构建基于云计算的人工智能开发平台，这类平台为科研者提供了一站式的人工智能开发环境，包括数据处理、模型训练、部署等功能，开发者可以在云平台上利用丰富的工具和资源，快速开发和迭代自己的人工智能应用。

三、区块链技术

区块链技术是一种去中心化的分布式账本数据库，具有多方面特性和技术优势，它是一个共享数据库，存储于其中的数据或信息，具有"不可伪造""全程留痕""可以追溯""公开透明""集体维护"等特征。

区块链由一个又一个区块组成的链条，每一个区块中保存了一定的信息，它们按照各自产生的时间顺序连接成链条。这些信息的记录、存储和验证通过分布式的方式进行，不存在中心化的管理机构。关键技术包括加密技术、P2P 网络技术、分布式存储技术、共识机制、智能合约等。

在开放科学环境下，数据的真实性和可靠性至关重要，区块链的"不可伪造"和"全程留痕"特性，能确保科研数据一旦上链就难以被篡改，并且每一次数据的修改和操作都有记录可追溯，这可以有效防止

数据造假、篡改实验结果等不良行为，提升科研数据的可信度。

开放科学鼓励科研数据的广泛共享，但在传统模式下，数据共享可能面临数据所有权不明确、隐私泄露等问题，区块链技术可以通过明确数据的所有权和访问权限，在保护数据隐私的前提下，实现更安全、高效的数据共享。科研人员可以更放心地将自己的数据分享出来，同时也能方便地获取他人的数据，从而加速科学研究的进展。科研成果的知识产权保护是开放科学中的一个重要环节，区块链可以为知识产权的确权、交易和保护提供新的解决方案。传统的科研协作往往依赖于中心化的机构或平台，这可能导致权力集中、信息不透明等问题。区块链技术可以构建去中心化的科研协作平台，让科研人员能够直接进行交流、合作和共享资源，无须通过中介机构，这种模式可以降低协作成本，提高协作效率，促进跨机构、跨地域的科研合作。通过区块链技术记录科研成果的传播和使用情况，可以更准确地评估科研成果的影响力，同时，区块链的分布式账本特性可以让科研成果得到更广泛的传播，不受中心化平台的限制，这有助于优秀的科研成果更快地得到认可和应用，推动科学的进步。

（一）数据溯源验证

在开放科学中，数据的来源和演变过程对于确保研究结果的可靠性至关重要。区块链技术的"不可伪造"和"全程留痕"特性为数据溯源验证提供了强大的工具。

一方面，当科研数据被记录在区块链上时，每一个数据点都带有时间戳和数字签名,这使得数据的产生时间和来源可以被准确地追溯。例如,在生物学实验中,从样本采集、实验操作到数据记录的每一个步骤都可以被实时上传至区块链,科研人员可以清晰地查看实验数据的完整生成过程,确保数据没有被篡改或伪造。

另一方面,区块链的分布式存储特性使得数据存储在多个节点上,即使部分节点出现故障或被攻击,也不会影响数据的完整性和可追溯性。比如,在环境科学研究中,多个监测站点的数据可以同时上传至区块链,不同地区的科研人员可以通过区块链验证数据的真实性和可靠性,共同开展全球范围内的环境研究。

此外,区块链技术还可以与物联网技术相结合,实现对实验设备和传感器数据的实时监控和溯源。例如,在智能实验室中,实验设备可以自动将数据上传至区块链,同时记录设备的运行状态和参数,为数据的溯源验证提供更加全面的信息支持。

(二)知识产权保护

在开放科学环境下,科研成果的知识产权保护面临着新的挑战。区块链技术为知识产权的确权、交易和保护提供了创新的解决方案。

首先,区块链可以通过时间戳和数字签名技术,为科研成果提供明确的创作时间和作者身份标识,确保知识产权的归属清晰明确。例如,当科研人员发表一篇论文或开发一个软件时,可以将其上传至区块链,区块链会自动为其生成一个唯一的数字证书,证明该成果的原创性和所有权。

其次，智能合约技术可以实现知识产权的自动授权和交易。科研人员可以在区块链上设置知识产权的使用条件和价格，当其他用户满足条件时，智能合约会自动执行授权和交易流程，无须第三方中介机构的参与。这不仅提高了知识产权交易的效率，还降低了交易成本和风险。

最后，区块链的分布式账本特性使得知识产权的交易记录公开透明、不可篡改。这可以有效地防止知识产权的侵权行为，同时也为知识产权纠纷的解决提供了有力的证据。

（三）去中心化协作

区块链技术为科研人员提供了一个去中心化的协作平台，打破了传统科研协作中的中心化限制，促进了跨机构、跨地域的合作。

在去中心化协作平台上，科研人员可以直接进行交流、合作和资源共享，无须通过中心化的机构或平台进行协调。例如，在一个基于区块链的科研项目中，来自不同国家和地区的科研人员可以通过区块链平台共同制订研究计划、分享实验数据和研究成果，实现真正的全球合作。

区块链的共识机制确保了协作过程的公平性和透明性。所有参与协作的科研人员都需要遵守相同的规则和协议，通过共识算法对数据和成果进行验证和确认。这可以有效地防止权力集中和信息不透明等问题，提高协作的效率和质量。

此外，区块链技术还可以为科研协作提供激励机制。通过发行数字代币或奖励积分等方式，鼓励科研人员积极参与协作，分享自己的知识和资源。例如，在一个开放科学社区中，科研人员可以通过贡献数据、代码或其他资源获得奖励，这些奖励可以用于换取其他科研人员的资源或服务，形成一个良性循环的协作生态。

（四）智能合约管理

智能合约是区块链技术的重要组成部分，为科研成果的管理和交易提供了自动化、高效的解决方案。

在开放科学中，智能合约可以被用于管理科研项目的资金分配、任务分配和成果验收等环节。例如，在一个科研项目启动时，项目发起者可以在区块链上发布智能合约，明确项目的目标、任务和资金分配方案。当科研人员完成相应的任务时，智能合约会自动执行资金拨付和成果验收流程，确保项目的顺利进行。

智能合约还可以实现科研成果的自动授权和交易。科研人员可以在智能合约中设置成果的使用条件和价格，当其他用户满足条件时，智能合约会自动执行授权和交易流程，无须人工干预。这不仅提高了交易的效率，还降低了交易成本和风险。

此外，智能合约的透明性和不可篡改性可以确保科研成果管理和交易的公正性和安全性。所有的交易记录都被记录在区块链上，公开透明、不可篡改，任何一方都无法擅自修改交易条款或结果。这为科研人员提供了一个可靠的交易环境，促进了科研成果的转化和应用。

开放科学基础设施建设案例

欧洲开放科学云（EOSC）于2016年正式启动，2018年欧盟委员会发布EOSC的实施路线图和框架，2020年EOSC协会成立，2021年欧盟委员会和EOSC协会发布了EOSC的战略研究和创新议程（SRIA），形成欧盟委员会、EOSC协会和EOSC指导委员会三方合作的发展模式。截至2023年11月，EOSC已经为180万欧洲研究人员和全球7000万科研人员提供开放的跨国界和学科的研究数据存储、管理、分析和再利用服务。

EOSC通过大数据技术与区块链技术支撑数据存储、管理、处理、分析，具备强大的数据处理和分析工具与技术，助力研究人员从数据中挖掘有价值信息。通过构建统一的数据门户和服务目录，实现了多元、跨学科的数据集成与开放共享，积极推动了跨领域的数据共享和整合，可以打破学科壁垒，促进交叉学科的创新。数据管理依托FAIR原则，即数据可发现、可访问、可互操作和可重用，这一原则在全球得到了广泛的认可，构建统一的数据管理标准和机制，确保数据的有效性和可发现性，同时也便于科研人员对数据的再利用。云计算技术支撑科研人员获取计算与存储资源，可按需获取所需的计算和存储能力，支持大规模数据处理和复杂计算任务。EOSC通过整合各种科研工具和服务，提供了一个一站式的科研服务平台，更好地满足了科研人员的需求，促进科研工作的高效开展，同时支持在平台发布与揭示研究成果，促进学术交流与传播，及时发布资金资助资讯，使研究人员能及时了解相关资助信息，有助于获得研究资金支持。同时，EOSC 也为商业实体提供分析服务，不仅服务于科研界，也为商业领域提供数据分析等服务，促进产学研结合与创新应用。EOSC 将参与者划分为信息及通信技术领域人员、图书馆人员、特定科学领域人员、公众参与人员四类，每一类人员承担多种角色，并在多个环节中以协作方式共同推进 EOSC 生态建设和发展，通过各类人员之间的协作共同推进 EOSC 生态建设和发展，可推动科研资源的最大化利用，提高科研效率。

EOSC 为我国开放科学推动提供了全新的模式和思路，有助于推动我国科研数据管理、科研服务和科研创新等方面的进步。

第三节

文化培育：营造兼容并包开放科学环境

正如预印本平台 arXiv 的创始人保罗·金斯巴格（Paul Ginsparg）所说："开放科学不仅仅是一个技术问题，更是一个文化问题。"这意味着开放科学要求我们改变传统的观念和做法。作为践行开放科学理念的重要组成部分，开放科学文化建设旨在通过教育、培训和宣传等多种途径，面向科研工作者、科研机构以及公众传播开放科学的价值观和实践方法，从而建立一个共享、透明和包容的科研环境。

一、面向科研工作者的开放科学素养培育

开放科学文化建设面临的最根本挑战在于实现从传统科研文化到开放科学文化的思维转变。开放科学要求在整个研究过程中尽可能开放共享知识，包括科学出版物、研究数据、软件及其源代码和硬件等，以提高研究的开放性、严谨性、透明度、可重复性和可复制性。传统科研文化倾向于维护个人和机构的知识垄断，而开放科学则提倡共享与合作的精神。长期以来，科研界对于开放科学抱有多种疑虑。一方面，数据共享问题依旧存在诸多阻碍因素。自 2015 年以来，施普林格·自然（Springer Nature）与 Figshare 每年面向全球科学家发放《开放数据状况

调查问卷》❶。在 2023 年的调查问卷中，中国受访者占全球参与人数的 11%，在本次调查收到的 642 份中国学者问卷中，有 90% 的受访者表达出对于数据共享潜在问题的担忧。超过半数受访者担心数据包含敏感信息或数据共享前必须获研究参与者许可，还有顾虑数据可能被滥用或研究成果被其他研究者抢先发布。另一方面，部分科研人员对开放科学的长远益处认识不足。在前面提到的调查中，当研究人员被问及目前是否因共享数据而获得足够的承认或认可时，超半数的受访者（56%）选择了"不，他们获得的承认太少"。此外，开放科学的具体实现方式和过程尚不清晰。传统的科研往往遵循一套严格的学术发表流程，而开放科学则强调快速迭代和即时反馈。对于许多科研人员而言，对于如何有效地实施开放科学仍存在疑问，这让他们难以适应开放科学文化的快速变化与灵活性。

因此，向科研基层工作者传播开放科学的理念，深化培养开放科学素养，使其深刻认识到开放共享的重要性，并积极参与其中，显得尤为重要。

（一）开放科学平台建设与推广

开放科学平台是指一系列包括但不限于预印本服务器、文献存储库、软件代码库、数据存储库以及科研协作平台在内的基础设施。这些平台不仅促进了研究成果的快速分享和获取，还增强了科学知识的积累

---

❶ Runsheng, Chen; Zhou, Yuanchun; Lulu, Jiang; Zeyu, Zhang; Zongwen, Li; Xin, Gu; et al.（2023）. 中国开放数据白皮书 2023. Digital Science. Report. https://doi.org/10.6084/m9.figshare.24638301.v1.

与扩散，进而提高了科研效率，促进了资源共享，并增强了科研过程的透明度。科研工作者是这类平台的主要用户群体，其建设和有效推广是开放科学文化培育至关重要的一环。

在科学平台建设阶段，科学平台应当有意识地面向科研用户传播开放科学文化素养，促成平台用户间的开放科学共识。这要求科学平台建设者应当确立一套清晰的价值观与行为规范，确保所有参与者均能充分理解并严格遵守，以此为基础形成开放科学文化。在科学平台推广阶段，应对科研工作者开展一系列宣传教育活动，通过研讨会、讲座和工作坊等形式详细介绍开放科学平台的功能与使用方法，以及这些科学平台如何促进科研工作的进展。此外，利用社交媒体及各类网络平台的力量，广泛发布有关开放科学平台的信息，能够显著提高这些平台的可见度。通过展示成功的应用案例，阐述开放科学平台如何帮助科研人员解决实际问题，可以进一步增强平台的吸引力。最后，科学平台的建设者应与高等院校、研究机构以及行业伙伴建立紧密的合作关系，共同推广开放科学平台，能够显著扩大其影响力。

（二）开放科学社区构建与发展

开放科学社区是指旨在促进科学研究成果自由共享与协作的平台，它既包括线上社区如研究机构内部成立的针对特定学科领域的开放科学研究小组，也涵盖了线下实体社群，后者通常通过组织研讨会、讲座等形式增进成员间的交流与互动。开放科学社区文化培育不仅能激发成员的积极性，还能吸引更多人才加入，从而推动开放科学文化建设。

然而，开放科学社区的文化建设同样面临挑战。首先是较高的准入门槛，这对潜在参与者构成了障碍。新成员由于不了解社区的运作方式、沟通规范和发展愿景，可能导致他们难以融入。其次是开放科学社区活跃度不高的问题。随着时间的推移，成员可能因各种原因（如缺乏动力、工作繁忙、兴趣转移等）逐渐减少参与。此外，维护和运营一个活跃的社区需要大量的时间和资源投入，如果这些资源不足，则很难维持社区的活跃度。如果没有持续的新鲜内容和活动，成员的兴趣可能会逐渐减弱。比如，MPD 组织的脑科学开放科学研究小组在 2021 年成立之初做出了很多尝试和努力，但由于后续缺乏更新，逐渐暴露出活跃度下降和可持续性运营的问题。

不难发现，推动开放科学社区的文化建设，仅靠传统的宣传方法见效甚微。需要构建一种以促进多元化交流与跨学科合作为核心的策略来推动文化变革。针对开放科学社区成员准入门槛问题，需要建立一套清晰、易于理解的开放科学社区行动支持机制，帮助新成员了解社区运行规则和社区文化氛围，以便快速融入社区。这不仅包括提供详细的文档和支持资料、编写详尽的操作指南和教程，以帮助新成员快速上手并熟悉社区的运作方式，还需要设立新手入门指导环节，比如创建导师计划，让经验丰富的科学社区成员指导新手，帮助他们更快地适应开放科学社区环境。针对提高科学社区活跃度的问题，可以从提高成员参与感与获得感两个角度出发制定具体措施。

一是通过培训、研讨会等活动方式促进社区的多元交流与互动，确保每个人都能感到社区活力并且有机会参与到社区建设中。这要求培训和研讨会的内容设计上既要达成形成开放科学共识的目标，又要反映出多元化的背景与观点，涵盖不同学科、层次、国家科研工作者视角。可以邀请不同背景的专家和实践者作为讲座嘉宾，分享各自在开放科学实践的经验和见解以引起共鸣。

二是制定有效的激励措施提高科学社区成员的获得感，从而增强科学社区黏性。具体措施可以包括设定贡献积分制度，根据贡献的质量和数量给予积分，积分可用于兑换科学社区内的各种奖励；设立年度奖项，表彰那些对科学社区发展做出卓越贡献的个人或团队；在科学社区内外公开表扬优秀贡献者，增加他们的知名度和个人品牌价值；提供实际的奖励，如证书、徽章、礼品卡或参加行业会议的机会等。

三是设立实体化组织，并通过组织吸引基金会、规划资助计划来保障开放科学社区的可持续发展。

> **案例**
>
> ### 佛罗里达州立大学开放科学实践社区
>
> 自 2021 年春季起，佛罗里达州立大学（FSU）通过其开放学者项目（OSP）建立了一个开放科学实践社区。该项目由图书馆员卡米尔·托马斯（Camille Thomas）发起，并召集了一个由不同领域的图书馆员以及研究生和博士后研究人员组成的任务组。该社区受到乌得勒支开放科学社区、北卡罗来纳州立大学的开放孵化器计划以及 OpenCon 社区的启发，采用任务组定向招募的方式，从小规模开始逐步扩大，以低门槛吸引更多的人参与到定期的讨论会议中。

该社区针对之前参加过开放科学相关项目或活动并对开放科学表现出兴趣的 FSU 研究人员进行定向招募，采取灵活的团队迭代方法，根据小组的需求、目标和兴趣与成员共同创建社区。自成立以来，该社区每月举行一次讨论会议，平均每次会议有 10 位至 20 位教职工、研究生和博士后参加。会议的主题广泛，涵盖了诸如开放单卷出版、气候正义与开放数据、预注册、开放同行评审等议题，并且每次会议通常只介绍一个开放科学工具。例如，在 2024 年 7 月最近的一次培训中，就是关于开放科学框架（OSF），并且以 FSU 利用 OSF 的专门元数据模板进行 FAIR 数据的工作作为案例介绍。

除了定期会议，该任务组还组织了一系列活动以促进成员间的互动和联系，其中包括参观国家高磁场实验室（MagLab）以及学期末的非正式聚会。此外，开放科学实践社区为 FSU 社区成员提供了线上和线下的培训课程，旨在帮助他们了解如何使用开放科学框架并掌握开放科学的基础知识。这些研讨会由研究者和美国开放科学中心大使吉泽姆·索尔玛兹-拉茨拉夫（Gizem Solmaz-Ratzlaff）领导。2023 年，OSP 主办了一场研讨会庆祝 NASA、开放科学中心和白宫宣布的开放科学年。这场为期两天的混合形式研讨会涵盖了与开放科学、开放获取出版相关的多种话题、项目和资源，包括四位 FSU 研究人员和来自跨大学政治与社会研究联盟（ICPSR）及 ASAPbio 的代表的演讲。研讨会设置了开放科学框架入门工作坊和两个互动环节，旨在促进现场参与者围绕实施开放科学实践的问题和解决方案进行讨论，并向所有注册

研讨会的人征求反馈，鼓励大家持续参与。

来自研究中心的成员成为推广开放科学实践的重要受众，促进了不同学科间的意识扩展和采纳。一些成员签署了向校长和教务长办公室提交的报告，其中一些人加入了正式的FSU开放获取顾问委员会，这强调了社区致力于制度变革的承诺。此外，来自教育、健康和人类科学学院的成员与图书馆员合作，将支持开放科学的编程整合进了学院内部。通过跨学科讨论，该社区正在培养一种合作和知识共享的文化，这对FSU研究实践的演变和科学的进步至关重要。

在OSP的下一阶段，该社区计划将提供联邦资助机构公共获取政策合规培训，为参与的教师和研究生提供实用知识和实践经验。这项培训是为了响应2022年OSTP Nelson备忘录中即将实施的新联邦公共获取要求而举办的。该社区鼓励研究团队至少有两名成员参加培训：一名具有决策权的成员和另一名负责实际合规工作的成员。利用OSF，该社区组织并传播其培训材料和其他资源给参会者，并公开这些材料供其他机构复制使用。这种方法确保了知识的更广泛传播，并在研究社群中培养了一种合作精神，以推动开放科学实践的发展。

二、面向科研机构的开放科学组织文化建设

在个体层面加强对科研工作者开放科学文化素养培育的基础上，将

开放科学文化融入科研机构的组织建设同样重要。而从组织层面开展开放科学文化建设实践过程中仍然存在困境。

一是体现在对开源平台或工具的技术接纳障碍上。科研人员可能会对开源工具和技术的成熟性和稳定性抱有疑虑。由于这些工具仍处于持续开发和优化阶段，可能还无法满足某些特定领域的研究需求。因此，科研机构可能会倾向于使用已经过验证的商业软件，而不是选择尚不成熟的开源解决方案。特别是在处理敏感数据时，使用开源工具可能会增加数据泄露的风险。如处理涉及个人健康信息或其他受保护的数据时，如何保证数据的安全性和隐私性成为科研机构拥抱开源平台的一大阻碍。

二是体现在开放科学贡献的激励机制设计上。传统的学术评价体系往往侧重于论文发表的数量和质量，而非开放科学视角上的贡献。当前，将开放科学贡献纳入科研评价体系尚未达成普通共识，科研机构缺乏足够的动力去设计并实施针对科研人员开源贡献的具体激励举措。

三是对于法律合规性的顾虑。科研成果的归属问题是开放科学环境中的一个重要议题。科研人员需要确保研究成果的公开不会侵犯他人的知识产权，同时也要保护自己的研究成果免遭不当使用。因此，科研机构需要与外部贡献者签订合适的协议，确保所有贡献都符合相关的法律要求和伦理标准，包括数据使用的权限、版权归属以及使用许可等方面。面对这些挑战，科研机构需要采取一系列措施以实现推动开放科学文化的建设，主要可从以下几个方面入手。

（一）克服技术接纳障碍

为了克服技术接纳障碍，科研机构需要采取积极措施来增强对开源平台和技术的信任度。首先，定期举办工作坊和技术培训活动，提高科研人员对开源工具的认识和技术水平，帮助他们理解开源工具的优势及其在实际研究中的应用。其次，通过设立试点项目的方式，选择一些低风险的项目作为开源工具和技术的应用试点，积累成功案例，并逐步建立信任。再次，建立一套严谨的技术评估流程也非常重要，这有助于确保所选用的开源工具和技术能够满足稳定性和安全性要求。最后，强化数据安全和个人隐私保护方面的培训，确保科研人员在使用开源工具的过程中遵循最佳实践，从而降低数据泄露的风险。

（二）优化激励机制设计

为了激励科研人员积极参与开放科学活动，科研机构应当改革现有的评价体系，将开放科学贡献纳入科研人员的绩效评价体系之中。例如，除了传统的论文发表数量和质量之外，还可以考虑共享数据集、代码和实验方法等非传统形式的贡献。此外，科研机构可以设立专门的奖项或提供物质和精神上的奖励，以表彰那些积极参与开放科学活动的科研人员，如奖金、职位晋升或荣誉证书。通过内部通信、会议等方式分享开放科学成功案例也是一个有效手段，它可以激发更多科研人员的积极性。此外，与开放科学社区建立合作伙伴关系，为科研人员提供参与更广泛开放科学活动的机会，也是激励机制设计的一个重要方面。

（三）消除法律合规性顾虑

解决法律合规性的顾虑是开放科学文化建设中的另一个关键环节。科研机构首先应该为科研人员提供专业的法律咨询服务，帮助他们在共享数据和研究成果时遵守相关法律法规。其次，可以开发标准化的合作协议模板，确保所有参与者明确了解其权利和义务，减少法律风险。再次，成立专门的伦理审查委员会也是非常必要的，委员会可以负责审查所有涉及开放科学的项目，以确保它们符合伦理标准。最后，建立清晰的知识产权管理政策，指导科研人员如何妥善管理他们的研究成果，避免知识产权侵权问题的发生。通过这些措施，科研机构不仅能够确保科研人员遵守法律和伦理规范，还能增强他们对开放科学的信心和参与度。

案例

曼彻斯特大学开放科学组织研究

曼彻斯特大学在 2024 年 4 月的开放科学研讨会上，介绍了其在鼓励开放科学研究范式、培养开放科学文化方面做出的尝试。该学校为此成立了一个开放研究办公室，并制订了开放科学战略行动计划。该大学致力于构建开放科学研究指标框架，试图去识别、定义和衡量开放研究在大学环境中的表现形式。其中首要考虑的因素是研究大学当前的数据访问能力。与此同时，团队基于过去一年内由曼彻斯特研究人员撰写的 1000 篇期刊文章样本，运用机器学习技术来支持开放研究实践相关的数据挖掘，并对比

分析了数据、代码、预印本在不同学科的共享程度。该团队正在开发一个定制化的开源平台——开放研究追踪器，允许以可扩展、可持续且开放的方式收集开放研究数据。目前，出于安全考虑，该平台仅限于教职工、学生和研究人员使用。研究人员可以看到自己产出的相关数据，未来将进一步丰富数据可视化功能，并创建面向公众的数据视图。此外，曼彻斯特大学将就开放研究指标框架创建一个成熟的报告机制，并考虑将开放研究追踪器的数据与其他来源数据结合，运用大语言模型完成复杂的数据工作，使得关于开放研究实践的更丰富的可视化和报告成为可能。

三、面向公众的开放科学意识普及

开放科学在科学界得到广泛的关注，但公众在很大程度上仍未充分意识到开放科学的潜力和意义。这种认知差距严重阻碍了开放科学的变革，是开放科学文化培育方面需要跨越的科学认知鸿沟。

然而，面向公众普及开放科学意识同样面临一些挑战。一是存在信息不对称问题。相较科研人员，公众可能缺乏接触开放科学相关信息渠道，导致对开放科学的基本概念、价值和实践方式知之甚少。二是理解门槛较高。开放科学包括数据、算力、模型、基础设施等关键要素，涉及的技术性和专业性较强，对于非专业人士来说较少涉及，进而对参与度造成负面影响。三是激励不足。由于缺乏直接的利益驱动，公众可能没有足够的动力去了解和参与开放科学的相关活动。四是文化障碍。传统的科研文化倾向于保密和竞争，这些观念可能会延伸到公众领域，阻碍开放科学理念的传播。

为了提升公众对开放科学的认知和支持，我们需要采取多方面的策略来培养全民开放科学意识。以下从政策制定、资源开放和活动组织三个方面论述构建公众开放科学认知文化的具体实施路径。

（一）政策规则制定吸纳公众意见

一是在政策制定过程中通过问卷调查、公众论坛等形式广泛征集公众的意见和建议，确保政策能更好地反映公众的需求和期望。二是建立有效的反馈机制，让公众能够随时提出对政策的看法，并对政策执行过程中遇到的问题进行反馈，以此来不断优化和完善政策。

（二）开放资源获取保障公众权益

一是保障开放资源为公众提供全面获取渠道。通过建立开放获取的期刊、数据库和软件平台，确保公众能够便捷地访问最新的研究成果、研究工具和原始数据。二是注重资源的多样性和易用性。考虑到公众需求的多样性，应充分考虑公众对不同科学资源的获取需求。比如面向不同语种的公众提供多语言版本的文献资料，并简化数据和工具的使用流程，降低获取和使用的门槛，避免出现文献、工具和数据等资源开放获取发展不均衡现象。

（三）鼓励公众参与开放科学活动

一是面向公众提供开放科学在线课程。高校和图书馆等教育组织可以通过网络平台提供免费的开放科学课程，讲解开放科学的概念、原则和实践案例，增强公众对开放科学的理解和兴趣。二是利用媒体向公众大力宣传。借助电视、互联网和社交媒体等渠道，制作和发布有关开放科学的纪录片、教育视频和趣味游戏等内容，提高公众对开放科学的关注度。三是开展公民科学项目。企业和高校可以合作启动公民科学项目，邀请公众参与到实际的研究项目中，通过实践加深其对开放科学的理解。四是举办正式与休闲会议。结合正式会议和休闲会议（前者面向科研人员，后者面向公众），采用轻松的方式讲解基础知识和实践案例，增进公众对开放科学的认识。

通过上述途径，可以在全社会范围内形成一种积极的开放科学氛围，使公众能够更好地理解和支持开放科学。这样的努力不仅能增强社会对科学研究的信任与认同，还能促进公众积极参与科学研究，为科学进步贡献智慧和力量。

> **案例**
>
> **美国"开放科学年"系列活动**
>
> 2023年1月11日，美国白宫科技政策办公室（简称OSTP）与10个联邦机构、超过85所大学和其他社会组织联合开启"开

放科学年"。作为一项多政府机构参与的行动,"开放科学年"计划于 2023 年期间,通过多项措施推动国家开放科学进程,促进开放、公平和安全的科学环境,其中也包括实施一系列措施来提高公众对开放科学的认知和支持。这些措施旨在缩小公众间科学认知鸿沟,通过多种途径促进公众对开放科学的理解和参与[1]。

在"开放科学年"期间,美国联邦政府和独立部门合作举办了"开放科学识别挑战赛"。这项竞赛由白宫科技政策办公室、美国国家航空航天局(NASA)等 11 个政府机构部门联合发起,面向全体民众开放。竞赛旨在表彰那些在开放科学领域做出突出贡献的研究案例。参赛者提交的研究案例需体现科学进步的创新程度、遵守开放科学原则的程度以及参与研究人员的广度。通过专家评审,发起方最终选出了一批推进开放科学的优秀案例。这些案例不仅展示了开放科学的实际应用成果,也激发了公众对开放科学的兴趣和参与热情。

为了进一步普及开放科学的核心原则和实践,美国宇航局在 GitHub 平台上推出了"开放科学 101"课程。该课程旨在提供开放科学的基础知识和技能培训,帮助学者和公众更好地理解开放科学的概念和重要性。课程内容覆盖了开放科学的核心原则,并深入探讨了开放实践的各种方面,从而为参与者提供深入了解开放科学的机会。为了更好地制定符合公众利益的开放科学政策,

---

[1] 卢加文,袁一帆,陈雅. 开放科学实践特征分析与启示——基于美国 OSTP "开放科学年"项目 [J]. 情报资料工作,2024,45(3):96-104.

"2024财年开放科学意见征求活动"和"交通部公共获取意见征求活动"等活动都向美国全体民众征询意见。这些活动鼓励公众参与政策制定过程,通过收集公众对于开放科学和开放获取政策的意见和建议,确保政策能够更好地反映公众的需求和期望。

第四节

标准统一：确立兼容互通的操作框架

一、面向开放要素的构建标准

在推进开放科学标准建设的过程中，构建面向开放要素的标准是一项关键任务。这些开放要素包括元数据标准与数据格式标准的制定、算力集成标准的制定、模型设计标准以及开放平台基础设施建设标准。

标准化的过程是一个复杂的多方利益相关协商的过程，要求全面考虑各种不同的情况和需求，达成共识往往耗时较长。一是不同领域和机构的数据格式与标准各异，导致数据整合和共享困难。为实现数据的无缝对接，必须解决已有系统与新标准之间的兼容性问题，以确保平稳过渡。标准化进程涉及多方利益相关者，达成共识需要较长时间。统一的数据标准可以极大促进跨学科、跨国界的数据共享，对科学研究和技术进步意义重大。二是不同计算资源硬件架构差异显著，统一标准难度高。标准化的算力集成能更有效地利用计算资源、简化集成流程、加速科研项目进展、提高资源利用率。三是人工智能模型种类繁多、差异大，标准需适应技术的快速变化。确保模型透明度和可解释性也是关键。统一的模型设计标准有助于增强模型可复用性，促进算法创新和优化。四是建设和维护开放平台需巨额投资，后续升级任务艰巨。统一的

基础设施标准能提供一致的访问和服务体验，支持大规模科研合作和数据交换，对促进科学研究和技术进步至关重要。

（一）元数据标准

元数据（metadata）的定义是"关于数据的数据"或"描述数据的数据"。《信息技术元数据注册系统（MDR） 第 1 部分：框架》（GB/T 18391.1—2009）把元数据的概念表述为定义和描述其他数据的数据[1]。元数据描述了数据本身、数据表示的概念及数据与概念之间的关系。《DAMA 数据管理知识体系指南》按数据的来源将元数据分为业务元数据、技术元数据和操作元数据[2]。其中业务元数据指的是业务概念、业务逻辑及相互关系的描述性数据，使组织对业务的理解有一致的认知，包括业务术语级定义、业务规则、业务流程、数据标准、概念数据模型和逻辑数据模型等；技术元数据指的是信息系统中数据存储、处理和交互的描述性数据，是系统开发的基础和依据，包括物理数据模型、系统程序、映射关系、系统接口、数据接口等；操作元数据指的是处理和访问数据的细节的描述性数据，包括作业执行日志、版本的维护和升级计划、数据归档和备份规则；管理元数据指的是数据资源管理与维护属性的描述性数据，包括数据属主、数据访问权限等。对元数据制定统一标

---

[1] GB/T 18391.1—2009 信息技术元数据注册系统（MDR） 第 1 部分：框架 [S]. 北京：中国标准出版社，2009.
[2] 数据管理协会（DAMA 国际）. DAMA 数据管理知识体系指南 [M]. 北京：机械工业出版社，2020.

准，可以为数据以规范化的格式进行存储和传输提供保障，进而确保数据的可读性和互操作性，方便数据共享与交流。

> **案例**
>
> ### 科学元数据国家标准的发展历程与贡献
>
> 中国科学界元数据国家标准发展历程是一个循序渐进的过程，反映了国家在促进科技信息资源共享和科学数据开放共享方面所做的持续努力。
>
> 这一进程始于2014年，《科技平台元数据注册与管理》（GB/T 30524—2014）标准的发布，标志着中国开始系统化地推进科技平台元数据的注册与管理工作。这一标准的制定旨在通过规范化的组织框架和管理流程实现元数据的统一注册与管理，为后续的数据共享和服务奠定坚实的基础。GB/T 30524—2014标准明确规定了科技平台元数据注册与管理的整体框架、组织机构和流程，并规范了元数据注册管理相关方（提交机构、注册机构、主管机构）的工作内容和职责。这一标准不仅有助于提高科技资源的有效利用，还为后续的科学研究提供了更加丰富和可靠的数据奠定基础。这一阶段标志着中国在促进科技信息资源共享方面迈出了重要的一步。随后，在2023年发布的《数据论文出版元数据》（GB/T 42813—2023）标准进一步扩展了元数据的应用场景，特别关注了科学数据的开放共享和数据论文出版。这一标准的制定历时五年，涉及多家国家级研究中心的合作，表明了政府和科研界对于数据开放共享重要性的认识日益加深，并致力于通过标准

化手段来推动这一进程。GB/T 42813—2023 标准针对科学数据出版的具体需求制定了详细的技术规范，为数据论文的发布和科学数据的确权提供了标准化的支持。该标准不仅有助于提高数据的质量和可信度，还促进了数据出版机构与科研人员之间的协作，从而加速了科学知识的传播和应用。此外，这一标准的出台响应了 2018 年《科学数据管理办法》中提出的推动科学数据出版和传播工作的目标，通过具体的技术措施实现了政策意图。

综上所述，中国的元数据国家标准不仅在技术层面推动了科技信息资源的有效管理和利用，还在政策层面上促进了科学数据的开放共享，为科学研究和社会发展做出了重要贡献。这些标准的制定和推广使用，不仅加强了科研领域的合作与交流，也促进了跨学科研究的进展，对于构建开放科学环境、推动科技创新具有深远的影响。

（二）算力集成标准

算力集成标准旨在定义如何有效地整合和管理多种计算资源，以支持大规模的数据处理和计算密集型任务。这些标准需要覆盖硬件兼容、软件接口、网络通信协议等方面，确保不同计算资源能够协同工作。具体而言，硬件兼容性标准用来定义不同计算设备之间的物理连接和电气特性，确保硬件组件能够在物理层面相互兼容；软件接口标准设计了一套统一的 API，以便软件可以在不同的计算平台上无缝运行；网络通信协议规定了用于数据传输和通信的标准协议，确保数据在网络中的高效传递；资源调度标准确立了资源分配和任务调度的原则，以优化资源利用效率；安全与隐私标准设定了安全策略和隐私保护措施，确保数据在传输和存储过程中的安全。

（三）模型设计标准

模型设计标准是为了确保人工智能模型的开发遵循一定的规范，以提高模型的可复用性、透明度和可解释性。这些标准涵盖了模型的设计、训练、验证和部署等多个方面。具体而言，数据准备标准用来规定数据预处理的方法，包括清洗、标注和标准化等步骤；模型架构标准设定了模型结构的设计原则，如神经网络层数、节点数量等；训练流程标准定义了模型训练的过程，包括参数调整、学习率设置等；验证与测试标准设立了模型验证和测试的方法，确保模型性能符合预期；可解释性标准规定了模型解释性的要求，帮助理解模型决策背后的原因；伦理和社会影响标准设定了伦理准则和社会影响评估流程，确保模型的开发和应用不会产生负面影响。

（四）基础设施建设标准

基础设施建设标准涉及构建和维护用于支持科学研究和技术开发的硬件和软件环境。这些标准确保基础设施能够稳定、高效地运行，并且

能够支持未来的扩展需求。具体而言，硬件设备标准定义了服务器、存储设备、网络设备等硬件的技术规格和配置要求；软件环境标准规定了操作系统、数据库管理系统、开发工具等软件的选择和配置规则；网络安全标准设立了网络安全策略，包括防火墙配置、加密技术的应用等；数据管理标准制定了数据存储、备份、恢复等方面的规范；运维管理标准设定了系统监控、故障排查、日常维护等工作流程；扩展性和兼容性标准确保了基础设施能够容易地进行扩展，并与其他系统保持良好的兼容性。

二、面向开放实践的流程标准

在推进开放科学标准建设的过程中，构建面向开放实践的流程标准是继构建面向开放要素的标准之后的又一重要步骤。开放实践流程主要关注的是开放资源的获取、使用、验证和溯源等环节，旨在促进开放资源的有效利用和共享。该标准可明确科研过程中的方法和流程标准，保障科研工作过程的规范、成果可复现、过程可重复性[1]。

在开放资源获取方面，资源分布广泛且质量参差不齐，加之版权与许可协议的复杂性，使筛选和使用变得困难。缺乏有效的发现机制也让用户难以找到所需资源。制定标准化流程可简化版权问题，确保资源合法使用，并帮助用户快速定位资源。使用开放资源时，用户可能对正确

---

[1] 贺德方，陈传夫，曾建勋. 科研活动标准化研究初探[J]. 科学学研究，2021，39（6）：989-997.

的使用方法不了解，特别是数据处理与分析方面。保护数据安全和个人隐私也是一大挑战。缺乏统一的使用指南导致资源使用不一致。规范的使用流程能确保资源被合理利用，避免浪费。明确的指南有助于提高效率、减少重复工作、促进资源的有效利用。验证开放资源时面临标准不一致的问题，不同领域的验证要求各异。准确评估数据质量和可靠性的难度加大。标准化的验证流程有助于确保数据质量、提升研究成果的可信度、增加用户的信任度、促进资源共享。追踪数据的来源和演变历史复杂，尤其是数据经多次处理后。管理不同版本的数据并保持其完整性和一致性是挑战之一。建立可靠的记录保存机制可以确保数据历史记录的保留。清晰的溯源流程支持数据透明度，便于追踪来源和变化历史，有助于确保数据准确性和完整性，增强科研生态系统的可信度。

（一）开放资源获取

开放资源获取标准涉及如何高效、合法地获取各种类型的开放资源。这些标准需要涵盖资源的查找、评估、授权和获取过程。具体内容包括：设定搜索和发现开放资源的方法，例如通过元数据目录、索引服务或搜索引擎；制定评估开放资源质量的指标体系，如数据完整性、准确性、时效性等；提供关于资源使用的法律框架说明，包括许可协议的选择和适用范围；规定获取资源的具体步骤，包括注册、认证、下载等程序。

（二）开放资源使用

开放资源使用标准旨在确保资源能够被合理、高效地使用。这些标准需要覆盖资源使用的各个方面，包括数据处理、分析方法、结果共享等。具体内容包括：提供数据预处理、清洗、转换等方面的指导；推荐合适的分析方法和技术，以充分利用资源的价值；制定公开研究结果的标准格式和最佳实践；确定使用资源时需要遵守的法规和伦理要求。

（三）开放资源验证

开放资源验证标准是为了确保资源的质量和可靠性。这些标准涉及资源验证的方法、工具和技术。具体内容包括：制定验证资源真实性和准确性的方法，如数据校验、统计测试等；推荐可用于资源验证的软件工具和技术框架；设定衡量资源质量的具体指标，如数据完整性、一致性等；验证报告模板，提供用于记录验证过程和结果的模板。

（四）开放资源溯源

开放资源溯源标准旨在确保资源的历史信息可以被追溯。这些标准涉及资源的来源、演变历史和版本管理等方面。具体内容包括：设定唯一资源标识符，用于区分不同的资源版本；推荐版本控制工具和技术，以记录资源的变化历史；规定记录资源修改、更新和版本发布的流程；确定记录资源原始来源和贡献者信息的标准化方式。

> **案例**

ECR 开放科学技术指南

中国是全球开放获取论文发表最多的国家，形成了一批我国自主建立和运营的开放科学平台，并出现了由我国早期职业研究人员团体发起的开放科学社区。在我国的政策、基础设施、研究文化背景下，参考国外已有的针对早期职业研究人员的开放科学实践指导文件，中国科学院文献情报中心联合9所大学和科研院所组成的团队，共同制定了《中国早期职业研究人员开放科学技术指南》。该指南旨在为中国早期职业研究人员（ECR）提供一个实用的工具，帮助他们快速开始并有效实施开放科学实践。该指南通过详细的步骤指导、技术核对清单和实践建议，为ECR提供了一个系统性的学习框架，帮助他们理解和掌握开放科学的关键要素。该指南分为五个主要部分：准备选题、研究设计、数据分析和研究、开放获取出版与开放交流、评审与推广。每个部分都包含一系列的技术核对清单，以确保ECR在整个研究周期中都能遵循开放科学的最佳实践。例如，在准备选题阶段，ECR可以学习如何使用开放学术文献资源和数据资源；在研究设计阶段，指南介绍了预注册研究设计和注册报告等实践；在数据分析和研究阶段，ECR可以了解到如何开放数据、材料共享、使用开源代码等；在开放获取出版与开放交流阶段，指南提供了如何使用开放共享许可协议、发布预印本、进行开放获取出版等实践指导；在评审与推广阶段，则着重介绍了如何参与开放同行评议、

进入更多开放学术社区以及积极参与国内外学术会议等内容。

该指南适用于所有学科的 ECR，不具有学科特异性，并且在工具和资源的选择上遵循国内可获取性、权威性和国际性资源的平衡原则，确保 ECR 能够有效地利用这些资源。鉴于开放科学对于 ECR 的职业生涯发展具有重要价值，该指南的编制不仅有助于提高 ECR 的研究质量和信心、科研影响力和个人学术声誉，而且有助于塑造一个更加透明、易于合作和高效的科研生态环境，促进科研文化的长期发展。

三、面向跨平台协作的映射标准

在推进开放科学标准建设的过程中，构建面向跨平台协作的映射标准是至关重要的一步。这些标准致力于确保不同系统间的数据和知识能够实现一致性和互操作性，从而促进跨平台协作。

一是数据映射难。不同系统采用的数据格式各异，增加了数据映射和转换的复杂性。即便数据格式相同，不同系统间对同一概念的理解和表示也可能存在差异。缺乏统一的数据表示标准，加剧了数据映射的难度。数据映射可以确保不同系统间的数据无缝对接，提高互操作性和可用性，简化集成过程，降低成本和复杂度。二是知识对齐难。不同领域或系统使用不同术语描述相同概念，导致知识对齐困难。不同的本体结构和词汇表可能导致知识表示不一致。某些概念在不同上下文中有不同含义，增加了知识对齐的难度。知识对齐标准有助于确保不同系统间知识的一致性，促进跨领域知识共享和交流。知识对齐可以增强语义互操作性，提高数据和知识的可用性，支持跨领域研究合作，促进科学研究和技术进步。三是技术框架不兼容。不同平台采用的技术栈差异显著，导致兼容性问题频发。确保数据传输和处理的安全性是一大难题。技术框架兼容标准的制定需多方参与和协调，进展缓慢。技术框架兼容标准对于促进系统集成和简化协作流程至关重要。技术框架兼容标准可以提高整体系统的灵活性和扩展性，简化跨平台协作流程，降低协作成本和复杂度，并提高系统间数据传输和处理的安全性。

（一）数据映射

数据映射是将字段从一个数据库匹配到另一个数据库的过程。这是促进数据迁移、数据集成和其他数据管理任务的第一步。数据映射标准旨在确保不同系统间的数据能够实现一致性和互操作性。这些标准的具体内容包括：定义如何将一种数据格式转换为另一种格式，确保数据能够在不同系统之间无障碍流动；设定元数据的结构和内容标准，以确保数据的描述信息能够被一致地理解和使用；数据质量控制，制定数据质量评估和改进的方法，确保转换后的数据质量符合要求；设定数据映射的具体规则，比如字段对应关系、转换逻辑等，确保数据在转换过程中的准确性和完整性；推荐或开发用于自动执行数据映射任务的工具，提高数据映射的效率。

（二）知识对齐

知识对齐标准旨在确保不同系统间的知识表示能够实现一致性和互操作性。这些标准的具体内容包括：设定术语和概念的标准化表示，以消除不同领域或系统间的术语差异；定义不同本体结构之间的映射规则，确保不同本体之间的知识能够相互关联和对照；制定确保语义一致性的方法，比如通过语义网技术来提高知识表示的精确性和一致性；设定知识图谱的构建和维护标准，确保知识图谱能够准确反映不同系统的知识结构；设定知识交换和服务接口的标准，确保不同系统之间的知识可以顺畅地共享和交换。

（三）技术框架兼容

技术框架兼容标准旨在确保不同系统之间能够实现技术层面的互操作性。这些标准的具体内容包括：设定系统间交互的接口标准，确保不同系统可以通过统一的接口进行通信；制定数据传输和通信协议的标准，确保不同系统能够使用相同的协议进行交互；设定数据交换的标准格式，比如使用 JSON、XML 等格式，确保数据可以在不同系统间无缝传输；制定数据传输和处理的安全性标准，确保数据在传输过程中的安全性和隐私保护；设定系统架构的设计原则，确保系统能够灵活扩展并适应未来的技术发展。

> **案例**

CDISC 推动临床研究数据标准化

CDISC（Clinical Data Interchange Standards Consortium）是一个全球性的非营利组织，自1997年成立以来，一直致力于研发和支持全球性的数据标准建设，旨在改善临床研究数据的获取、交换、提交和归档流程。通过制定一系列被广泛接受的标准，CDISC极大地促进了不同信息系统之间的互操作性，并简化了临床研究的多个环节，从而提高了研究效率和质量。

CDISC的标准体系由五个主要部分组成：一是基础标准。基础标准是所有数据标准的基础，着重定义数据标准核心原则，包括数据表示模型、域和规范。基础标准具体包括非临床数据交换标准（Standard for Exchange of Nonclinical Data，SEND）、方案表述模型（Protocol Representation Model，PRM）、临床数据获取协调标准（Clinical Data Acquisition Standards Harmonization，CDASH）、分析数据模型（Analysis Data Model，ADaM）、研究数据列表模型（Study Data Tabulation Model，SDTM）和生物医学研究整合域组（Biomedical Research Integrated Domain Group，BRIDG）。其中，CDASH为病例报告表（Case Report Form，CRF）中基础数据收集提供了规范，包括标准问题文字描述、实施指南和最佳操作实践；SDTM和ADaM分别制定了格式化数据和创建分析数据集的标准，用于向监管部门递交数据。二是数据交换标准。数据交换标准有助于不同信息系统之间共享结构化数据，同时，还能灵活应用于未实施基础标准的信息系统（如

学术研究）。数据交换标准具体包括 ODM-XML（运营数据模型 XML）。它描述了如何遵循监管要求获取、交换、归档临床数据和元数据，为 Define-XML、Dataset-XML、SDM-XML（Study/Trial Design Model XML）和 CTR-XML（Clinical Trial Registry XML）提供了通用基础结构，支持结构化数据在不同信息系统间的共享，以及 LAB（The Laboratory Data）专门用于交换临床试验中获得的实验室数据，为实验室和申办方/CRO 之间实验室数据的获取和交换提供标准模型。三是治疗领域标准。治疗领域标准是对基础标准的扩展，定义了特定疾病领域相关数据标准。其包括特定于疾病的元数据、示例和对多种用途（包括全球监管提交）实施 CDISC 标准指导。目前已经发布了阿尔茨海默病、哮喘、乳腺癌、心血管、埃博拉、帕金森症等 30 多个特定疾病领域的标准。四是术语集。术语集为数据收集、交换和提交提供了一致的定义和术语。五是共享健康与研究电子图书馆（Shared Health And Research Electronic Library，SHARE）。SHARE 是一整套工具和服务，它能提供计算机可读的变量和其他 CDISC 标准的元数据。实施 CDISC、SHARE 标准可以更加方便地收集、汇总和分析从早期设计到最终分析的标准化数据。

CDISC 通过其全面的标准体系，为该领域内的临床试验提供了统一的数据收集和报告框架，不仅促进了临床研究的效率和质量，也帮助监管机构更快地审查和评估提交的数据，加速了新疗法的审批过程。随着更多组织和个人采纳 CDISC 标准，未来临床研究将更加高效透明，进而加速医疗领域开放科学的步伐。

四、面向组织授权的管理标准

在推进开放科学标准建设的过程中，构建面向组织授权的管理标准是确保开放科学实践有序进行的关键步骤。这些标准旨在明确组织内部及跨组织合作中的权限认证、资格授权、质量要求和考核办法等内容。

不同组织采用的认证机制各异，导致流程复杂。确保数据和资源的安全性是一大难题。认证系统还需满足大规模用户的高效认证需求。明确的权限认证标准有助于防止未授权访问、提高用户认证的速度和效率、增强用户对开放资源的信任、促进资源的有效利用。

不同领域对资格的要求不同，导致标准难以统一。定期评估用户资格可以确保有效性。在跨组织合作中，资格授权需考虑资格互认问题。资格授权可以确保符合条件的用户才能访问特定资源、规范资源使用、激励用户提升专业技能和知识水平、保障资源质量。

不同类型的开放资源可能需要不同的质量标准，制定统一标准难度较大。建立有效的监督机制可确保资源质量符合标准，并建立反馈机制收集用户意见。明确的质量要求有助于提高资源的整体质量、增加价值、增强用户信心、促进资源的广泛传播和使用，并推动资源提供者不断改进和完善资源，提升用户体验。

不同类型的资源需要不同的评价标准和方法，构建全面的评价体系较为复杂。确保考核办法的公正性和客观性是一大挑战。此外，根据资源和环境的变化定期更新考核办法很有必要。考核办法可以用来识别和奖励优秀的资源贡献者，激励更多高质量资源的产生，促进公平竞争，提升开放资源的整体水平，推动科学研究和技术进步。

（一）权限认证

权限认证标准旨在确保开放资源的安全性和可控性。这些标准的具体内容包括：设定用户身份验证的方法，如密码认证、双因素认证等，确保只有授权用户才能访问资源；制定基于角色的访问控制策略，规定不同角色的用户可以访问哪些资源；设定权限申请、审核和撤销的流程，确保权限管理的透明性和可追溯性；设立安全审计机制，记录用户活动，检测异常行为，以保护资源免受未经授权的访问；规定数据传输和存储的加密标准，保护敏感信息的安全。

（二）资格授权

资格授权标准旨在确保资源使用的规范性和专业性。这些标准的具体内容包括：设定资格评定标准，如学历背景、专业经验等，以确定用户是否具备访问特定资源的资格；设立必要的培训课程和认证考试，确保用户掌握使用资源所需的技能和知识；设定资格审查的流程，包括提交资料、审核、反馈等步骤，确保资格审查的公正性；设定资格定期更新和重新评估的机制，确保用户资格的有效性和及时性；与合作伙伴或相关组织签订资格互认协议，简化跨组织合作中的资格认证流程。

（三）质量要求

质量要求标准旨在确保开放资源的质量和可靠性。这些标准的具体内容包括：设定资源质量评估的具体标准，包括数据准确性、完整性、时效性等；设定资源审核的流程，包括提交材料、专家评审、反馈意见等步骤；设定资源质量改进的机制，鼓励资源提供者根据反馈意见进行改进；设立用户反馈渠道，收集用户对资源质量的意见和建议，以促进资源的持续改进；设定质量认证标志，对符合质量标准的资源进行标记，增强用户信任。

（四）考核办法

考核办法标准旨在激励资源贡献者和促进公平竞争。这些标准的具体内容包括：设定资源贡献者的评价指标体系，包括资源质量、使用频率、用户满意度等；设定考核周期，定期对资源贡献者进行评价；设定奖励机制，如颁发证书、提供额外资源使用权等，以激励高质量资源的贡献；设定申诉流程，允许资源贡献者对考核结果提出异议，并获得公正处理；设定透明度要求，确保考核过程的公正性和透明度。

> **案例**
>
> ### Bioconductor 生物信息领域开源代码项目
>
> Bioconductor 是一个开源项目，致力于为生物信息学提供分析工具。它成立于2001年，旨在通过 R 编程语言为基因组数据分析提供软件包。Bioconductor 的最大特点是它的开放性和协作性，

研究人员能够共享和重用数据分析工具。该项目拥有超过2000个软件包，涵盖了从基因组、转录组到蛋白质组学、代谢组学等多个领域的组学数据分析工具。Bioconductor 的优势在于其提供了丰富的工具来处理复杂的生物数据，包括读取、分析、可视化和数据注释。

得益于其严格的包管理和社区支持机制，用户能够获得经过验证的工具和高质量的文档。Bioconductor 对其代码贡献者制定了严格的提交标准。所有的软件包都必须遵守一定的编码标准，如：良好的编程实践、清晰的变量命名和模块化设计；需要实现完整的功能，并且能够解决特定的生物信息学问题；需要有详细的文档，包括使用说明、示例代码和可能的输出结果，附带详细的用户手册，解释如何安装、配置和使用该软件包，同时提供具体的案例研究，帮助用户更好地理解如何将软件包应用到实际的研究问题中，以便其他研究者可以轻松地理解并使用它们。而且，Bioconductor 会使用持续集成工具（如 GitHub Actions 或 Travis CI）来自动运行测试，确保每次提交都不会引入错误或破坏现有功能。这些持续集成系统还可以监测软件包的性能，确保它们在不同版本间性能保持一致。此外，Bioconductor 还设置了同行评审流程。所有提交到 Bioconductor 的新软件包都必须通过领域专家的同行评审，评审过程中可能会提出改进建议，作者需要根据反馈进行修改，直到满足标准为止。Bioconductor 还提供了一个活跃的社区论坛，用户可以在其中提问、分享经验或寻求帮助。

通过这些标准化流程与措施，Bioconductor 不仅保证了软件包的质量，而且促进了科学研究的透明度和可重复性。这意味着其他科学家可以更加容易地验证研究成果，同时也鼓励了跨学科的合作与创新。

本章小结

本章围绕开放科学治理要素展开,全面阐述了如何通过构建全面、合理的治理体系,并利用治理要素之间的协同作用,助力开放科学有效地突破传统科学领域界限,从而在全球范围内促进知识的共享与合作创新,进而加速科学研究的可持续发展。

第一节从顶层设计的角度出发,提出通过制定一系列政策法规发挥引领、规范和保障作用。政策涵盖数据、代码、激励、诚信和知识产权等领域,明确了开放的具体要求、激励措施、诚信规范以及利益平衡机制,为开放科学实践指明了方向,并提供了坚实的制度保障。

第二节着重介绍了以技术为支撑构建开放共享的基础设施。尽管面临诸多挑战,但大数据、云计算和区块链技术展现出强大的支撑能力,大数据助力数据处理与分析,实现数据整合集成、挖掘价值、分类管理和可视化展示,提升科研效率;云计算提供强大计算能力,支持多种计算模式,优化资源配置,融合人工智能技术,推动科研创新;区块链保障数据真实性与可靠性,实现数据溯源、知识产权保护、去中心化协作和智能合约管理,促进科研合作。

在政策与技术保障的基础上,培育开放科学文化、构建兼容并包的科学研究环境至关重要。第三节提出科研工作者、科研机构和公众是参与文化建设的重要角色,科研工作者需转变观念,积极参与开放科学平台和社区建设;科研机构要克服技术接纳、激励机制设计和法律合规等障碍;公众则需通过多种途径提升对开放科学的认知和参与度,共同构筑开放、公平、分享、合作的科学环境。

第四节聚焦数据、算力、模型等关键要素,开放资源获取使用,跨平台协作及组织授权四方面的标准构建,以确保开放科学各环节的规范性、有效性和互操作性,促进不同系统和组织间的互联互通。

第六章

开放科学评价框架

本章梳理总结开放科学评价体系的发展历程与现状，提出了一个多层次、多维度的开放科学评价指标框架，该框架包括平台设施层、科学治理层、实践传播层和可持续发展层四个层面，旨在为开放科学的实施进程与成效提供全新的评估视角，为政策制定和资源分配、相关机构优化开放科学策略提供参考。

随着联合国《开放科学建议书》的发布，开放科学的浪潮正席卷全球，多个地区和国家纷纷投入大量资源开展开放科学行动、推动开放科学发展。《开放科学建议书》中明确要求"会员国应根据本国具体国情、治理结构和宪法规定，酌情采用定量和定性相结合的方法，监测与开放科学有关的政策和机制[1]"。联合国教科文组织专门成立开放科学监测框架工作组，以更好地了解开放科学实践及相关机构的需求，为后续的决策调整提供支撑。

对开放科学行动推进过程和实际效果进行全面的监测与评价，提供可靠的评价数据以支持政策及资源的科学合理分配至关重要。21世纪初，开放获取运动兴起之时，部分国家及组织已建立起对开放获取的评价框架。当前，多个国家、组织和学者已经探索出从不同维度评价开放科学的体系。例如，欧盟通过开放数据成熟度（Open Data Maturity），从政策、平台、影响和质量四个维度评价欧洲开放数据领域发展情况，并提供相应建议；中国学者杨卫也提出了开放科学成熟度指数（Open Science Readiness Index）的框架，包含了开放获取、开放数据、开放科学政策三个方面[2]。然而，由于开放科学推进过程涉及的影响因素、相关方等众多，目前对开放科学实践的评价仍无法面面俱到，也还没有出现具有一定权威性、普适性的主流评价体系，存在着评价标准不统一、评价指标不全面以及评价方法不系统等问题。

---

[1] UNESCO.UNESCO Recommendation on Open Science[EB/OL].（2021-11-23）[2024-09-30] https://unesdoc.unesco.org/ark:/48223/pf0000379949.locale=en.

[2] Yang W, Chang R, Kang X, Zhang C, Huang J, 2024. Open Science Readiness Index: Theory and Simulations[J]. Fundamental Research, 4(5).

第一节

开放科学评价体系的发展历程与展望

开放科学正在根本上转变我们进行科学研究的方式和知识共享的模式。其核心理念在于通过开放数据、开放出版物、开放同行评审等多种方式，促进科学知识的广泛共享与深入合作。本章将系统梳理开放科学评价体系的发展历程，分析其现状，并探讨未来发展方向。

在开放科学理念初步形成的阶段，评价体系尚处于萌芽状态。这一时期的评价主要聚焦于开放获取出版物的数量和影响力。传统的科研评价指标，如论文发表数量和引用次数，仍然占据主导地位。然而，这些指标已不足以全面反映开放科学的价值和贡献。例如，2022 年，《布达佩斯开放获取倡议》（Bud-apest Open Access Initiative，BOAI）提出后，学界开始关注开放获取期刊的数量增长和文章下载量，但这些指标仅能反映开放获取的初步影响，无法全面评估开放科学的多维度价值。

随着开放科学实践的不断扩展，评价指标逐步涵盖了数据共享、开源软件、公民科学等多个方面，形成了更加全面的评价体系。这一时期，新型计量学指标如 Altmetrics 的应用，为评估科研成果的社交媒体影响力和公众关注度提供了新的视角，丰富了评价的内容和方法。例如，综合性期刊 PLOS ONE 在 2009 年引入 Article-Level Metrics，不仅包括传统的引用数据，还包括社交媒体提及、媒体报道等多元指标，丰富了评价的内容和方法。同时，开放数据共享的评价指标也逐步建立。全球最大的DOI代理注册机构之一DataCite（2009年成立）提供DOI元数据集，使得数据引用成为可能，为评估数据共享的影响力提供了基础。

近年来，开放科学评价呈现出多元化发展的趋势。评价指标不再局限于传统的学术影响力指标，而是扩展到包括社会影响、经济效益、创新贡献等多个维度。这种多维度评价方法能够更全面地反映开放科学的价值和影响。例如，欧洲的"开放科学监测"（Open Science Monitor）项目自2017年启动，其评价体系综合评估了开放获取、开放数据、开放同行评议等多个方面，标志着评价体系向更加系统和全面的方向发展。此外，研究过程的开放程度成为评价的重要考量，评价体系个仅关注最终的研究成果，还重视整个研究过程中的开放实践，包括预注册、开放实验记录等。例如，预注册研究的比例已成为评估开放科学实践的一个重要指标，它反映了研究设计的透明度和研究者对可重复性的承诺。

同时，评价体系也越来越重视开放科学在促进跨学科合作方面的作用，通过评估跨学科研究项目的数量和质量，来衡量开放科学对学科融合的推动作用。例如，欧盟"地平线2020"计划中的跨学科项目评估指标，不仅考虑参与学科的多样性，还关注数据共享和开放协作的程度。

总体而言，开放科学评价体系的发展方向呈现出以下几个明显的趋势：首先，建立更加系统和全面的整合性评价框架成为重要目标。这个框架将整合不同层面和维度的评价指标，提供一个更加全面和平衡的评价结果。例如，美国国家科学基金会（NSF）正在探索的"科学与工程指标"（science and engineering indicators）新框架，试图将开放科学实践纳入其中，全面评估其对科研生态系统的影响。其次，随着技术的进步，利用人工智能和大数据技术来提高评价的效率和精确度将成为可能，这将大大提升评价的规模和深度。例如，利用机器学习技术分析开放数据集的使用情况和影响，从而更全面地评估数据共享的效果。考虑到不同学科和研究类型的特异性，未来的评价体系可能会更加注重差异化。针对不同学科、不同类型的研究制定差异化的评价标准，将提升评价结果的公平性与合理性。同时，推动建立国际认可的开放科学评价标准也成为一个重要方向，这将促进全球范围内的开放科学实践比较和交流，推动开放科学的国际化发展。值得注意的是，开放理念也将被应用到评价过程本身。通过提高评价方法和结果的透明度和可重复性，评价过程本身也将成为开放科学实践的一部分。最后，如何在评价中平衡开放与知识产权保护、数据安全等问题，将成为未来评价体系需要深入考虑的重要问题。例如，在评估类似 GISAID（全球最大的流感及新型冠状病毒数据平台）这样的开放数据平台时，需要考虑如何在促进数据共享的同时保护数据贡献者的权益。

通过不断完善和更新评价指标体系，开放科学评价将为建立一个更加开放、透明和创新的全球科研生态系统做出重要贡献，推动科学研究向更高效、更公平、更有影响力的方向发展。这种评价体系的演进不仅反映了开放科学实践的发展，也将进一步推动开放科学理念的深化和实践的拓展，最终促进全球科学知识的共享和创新。

第二节

建立开放科学指标体系的核心理念

随着开放科学实践的蓬勃发展,建立系统全面的评价机制变得愈发重要。这种评价不仅可以衡量开放科学的影响和效果,还能为未来政策制定和实践改进提供指导。开放科学评价体系主要聚焦于三个方面:透明度和问责、资源分配以及持续改进。这些方面相互关联,共同构成了开放科学评价的核心理念,为科学研究的公开性、资源的有效利用和持续优化提供了指导。

透明度和问责是开放科学的基石。共享数据、提高透明度和开放同行评议等能够增强科学研究的公信力。然而,这一过程面临数据敏感性和知识产权保护等挑战。目前,尽管开放科学倡导数据和方法的公开,但实际操作中仍存在信息不对称和数据共享不充分的问题。为应对这些挑战,推广开放同行评审,提高评审过程的透明度和质量势在必行,以确保研究结果的公正和客观。同时,建立公开的评价平台,使公众和科学界能够方便地获取和评估研究数据和结果,对于提升整体透明度至关重要。

资源分配的优化是评价系统的重要目标。全面评估研究项目的学术影响力、社会效益和创新潜力,有助于决策者更有效地分配科研资源。当前资源分配存在不平衡现象,对数据、模型、算力基础设施等要素的

开放考量欠缺，导致开放科学研究领域的资源获取受限。为此，开发多维度评价指标、全面评估科学研究的学术影响力和社会效益很有必要。此外，促进跨学科和团队合作，通过多样化的评价标准，确保资源分配的公平性和有效性，不仅能提高科研投入的效率，还能推动开放科学项目的发展，为社会和科学进步做出更大贡献。

持续改进机制是保障开放科学长期发展的关键。系统评价有助于识别最佳实践、分析实施障碍、评估能力建设情况和政策影响。目前，许多开放科学项目缺乏系统的评价机制和及时的改进反馈，影响了持续优化的效果。建立持续评价和反馈机制，可以帮助研究人员和机构及时发现问题、提出改进建议，推动开放科学实践的不断优化。同时，加强国际合作和经验交流也是推动全球范围内开放科学持续改进和创新的重要途径，有助于科研人员分享最佳实践，克服共同挑战。

系统全面的开放科学评价对提升科研透明度、优化资源分配和推动持续改进具有重要意义。通过建立完善的评价机制，采用多维度指标，促进国际合作，能够更好地推动开放科学发展，增强其社会和学术影响力。这需要科研机构、政策制定者和研究人员的共同努力。面对数据敏感性、评价标准动态性等挑战，评价体系也需要不断调整和完善。未来，随着技术的进步和政策的完善，开放科学评价体系将更加成熟和有效，进一步推动科学研究的透明度、资源利用效率和创新能力的提升，为全球科学发展和社会进步做出重要贡献。

第三节 开放科学的评价指标框架

开放科学评价框架的建立需要考量评价目标、评价范围、评价对象等多个方面，结合多元化的影响因素和测量数据提炼定性、定量指标，构建能够体现开放科学的核心特征与实践价值的多维评价体系。本节在第三章提出的人工智能时代开放科学研究及治理要素等内容的基础上，增加实践传播、可持续发展等视角，对开放科学评价指标体系进行整合与拓展，搭建了一个多层次、多维度的开放科学评价指标框架，该框架包括平台设施层、科学治理层、实践传播层和可持续发展层四个层面，旨在为开放科学的实施进程与成效提供全新的评估视角，为政策制定和资源分配、相关机构优化开放科学策略提供参考（表6-1）。

表6-1 开放科学评价指标框架

一级指标	二级指标	三级指标
平台设施层	算力调度	计算资源可用性、调度效率、资源使用率
	数据管理	存储容量、处理效率、共享机制
	代码开放	代码库数量、代码质量、文档完整性

续表

一级指标	二级指标	三级指标
平台设施层	设施共享	开放程度、使用效率、共享效益
	平台管理与运营	系统稳定性、服务响应度、用户满意度
实践传播层	研究方法创新性	新方法采用率、创新影响力、方法改进效果
	开放资源贡献度	数据集质量、代码贡献量、资源复用率
	开放实践成本效益	效率提升度、资源节约率、协作收益
	跨学科融合程度	跨学科项目数、合作频率、融合创新成果
科学治理层	政策治理	政策完整性、执行有效性、协同程度
	技术治理	标准统一性、规范适用性、创新引导性
	文化培育	开放意识、诚信建设、合作氛围
	标准治理	评价科学性、执行一致性、国际兼容性
可持续发展层	资金支持稳定性	资金来源多样性、规模充足性、使用效益
	政策支持一致性	政策延续性、协调性、实施效果
	资源分配合理性	分配机制、使用效率、共享程度
	人才培养系统性	培训体系、培养质量、队伍建设

一、平台设施层

平台设施层是开放科学实践的基础支撑，主要包括算力调度、数据管理、代码开放、设施共享和平台管理与运营等方面。平台设施层指标的设置旨在通过对开放科学研究要素的科学评估，确保开放科学实践能够得到稳定、高效的数据、算力、技术和平台化支持。

算力调度关注科学计算资源的合理分配和高效利用,包括高性能计算资源的可用性、算力调度效率、资源使用率等具体指标。通过建立科学的调度机制,确保研究人员能够及时获取所需的计算资源,提高科研效率。同时,算力资源的监控和评估机制能够帮助优化资源配置,提升整体运行效率。

数据管理体系为开放科学研究提供核心支撑,涵盖数据的采集、存储、处理、共享等全生命周期管理。可从元数据完整性、数据存储容量、数据处理效率、数据开放共享率、数据安全保护等方面评价数据管理体系质效。高效的数据管理平台不仅要确保数据的可靠存储和快速访问,还要建立完善的元数据标准,支持数据的可发现性和可重用性。数据管理平台的性能直接影响研究人员共享和获取数据的效率,其系统稳定性和可靠性是保障数据安全和用户信任的关键。

代码开放是推动科研方法及成果共享的重要手段,需要建立完善的代码库管理系统和版本控制机制。开源代码的贡献度的评价具体涉及代码库脚本数量、代码质量、文档完整性、脚本复用率等指标。良好的代码开放机制不仅促进研究方法的传播和改进,还能推动科研工具的创新发展。通过建立代码审查机制和质量评估标准,确保开源代码的可用性和可靠性。

设施共享从物理层面为促进开放科学实践提供了可靠的工具及设备。设施共享程度可从大型科研设备、专业实验室、特殊研究环境等的开放共享情况开展评估。通过制定科学的设施使用规范、预约系统和评价机制,提高设施利用效率,促进跨机构合作。设施共享的评估指标包

括设施开放程度、使用效率、共享收益等方面。

开放科学云平台是综合集成数据、算力、代码与设施的各项功能，并以云的方式面向研究人员及民众提供开放服务的载体。良好的平台的管理与运营机制是保障开放科学研究要素高效集成、有效运转的关键。这涵盖了平台的日常维护、性能优化、资源更新、用户服务等多个方面。平台的运营效能直接影响用户体验和使用效率，需要建立完善的监控机制和反馈系统。同时，平台的安全性和稳定性也是重要的评估指标，包括系统运行稳定性、数据安全保护、用户隐私保护等。

二、科学治理层

科学治理层着眼于开放科学的系统治理，从政策、技术、文化和标准四个维度构建完整的治理体系，旨在构建系统、有效地开放科学治理体系，通过多维视角的协同治理引导开放科学良性发展。

政策治理关注开放科学政策的制定和执行，包括政策框架的完整性、政策实施的有效性、资源分配的公平性等。良好的政策治理能够为开放科学发展提供制度保障，确保各项实践有章可循。政策协同性的评估也很重要，需要关注不同部门、机构间政策的一致性和互补性。

技术治理聚焦于技术标准和规范的建设，包括数据标准、接口规范、安全协议等。统一的技术标准有助于提高系统间的互操作性，降低合作成本。技术治理还需要关注创新技术的应用和管理，确保新技术能够适当地融入开放科学实践。同时，技术风险的防控也是重要内容，包括数据安全、系统可靠性等方面的管理和评估。

文化培育注重打造开放、合作、创新的学术文化。这包括开放共享意识的培养、学术诚信的维护、合作精神的倡导等。良好的开放科学文化能够激发研究者的参与热情，促进知识的自由流动。文化培育的评估需要关注研究者的态度变化、行为规范的遵守程度、学术氛围的改善情况等。

标准治理关注评价标准的科学性和规范性，包括质量控制标准、评估指标体系、国际标准的兼容等。科学的评价标准能够客观反映开放科学实践的成效，指导实践的改进和发展。标准治理还需要考虑不同学科、不同地区的特点，在保持统一性的同时保持适当的灵活性。

三、实践传播层

实践传播层注重开放科学理念在研究实践中的具体应用和传播效果，包括研究方法创新性、开放资源贡献度、开放实践成本效益和跨学科融合程度等维度，旨在全面评估开放科学实践的传播与应用效果、资源贡献情况和影响力。

研究方法创新性体现在新型研究范式的探索和应用，包括预注册研究实践、开放同行评议、公民科学等创新方法的采用。这些创新方法不仅提高了研究的透明度和可重复性，还促进了科研过程的民主化和多元化。

开放资源贡献是评估研究者参与开放科学的重要指标。开放数据集的建设包括数据集的数量、质量、可用性和影响力等方面。高质量的数据集应具备完整的元数据、清晰的使用说明和良好的可重复性。同样，

开源代码的贡献也包括多个维度，如代码的实用性、可读性、文档完整性等。这些开放资源的贡献不仅促进了知识的共享和传播，还推动了研究方法的改进和创新。

开放实践的成本效益分析关注开放科学对研究效率和资源利用的影响。这包括研究周期的缩短、协作效率的提升、资源利用率的改善等。通过系统评估开放实践带来的收益和投入，可以更好地指导开放科学政策的制定和资源的分配。同时，也需要关注开放实践中的风险和挑战，如数据安全风险、隐私保护问题等。

跨学科融合是开放科学促进学科发展的重要体现。这包括跨学科合作项目的数量和质量、跨领域研究成果的影响力、学科交叉创新的程度等。良好的跨学科融合能够促进新思想的碰撞和创新方法的产生，推动学科的综合发展。通过评估跨学科合作的广度和深度，可以了解开放科学在促进学科融合方面的实际效果。

四、可持续发展层

可持续发展层注重开放科学的长期发展潜力，包括资金支持稳定性、政策支持一致性、资源分配合理性和人才培养系统性等方面，旨在从可持续发展的层面强化开放科学的长期发展动力与潜力。

资金支持的稳定性是开放科学持续发展的物质基础，包括资金来源的多样性、资金规模的充足性、资金使用的效益等。稳定的资金支持不仅能够保障基础设施的建设和维护，还能支持各类创新实践和人才培养项目。

政策支持的一致性对开放科学的长期发展至关重要。这包括政策的连续性、各级政策的协调性、政策实施的效果等。持续、一致的政策支持能够为开放科学发展创造稳定的环境，减少政策变化带来的不确定性。政策支持的评估需要关注政策的实际执行效果和长期影响。

资源分配的合理性关注开放科学资源的有效配置。这包括各类资源的分配机制、使用效率、共享程度等。科学的资源分配不仅要考虑效率，还要注重公平性，确保不同规模、不同地区的研究机构都能获得适当的资源支持。资源分配的评估需要建立完善的监测和反馈机制。

人才培养的系统性是开放科学可持续发展的重要保障。这包括专业人才的培养体系、培训项目的覆盖面、人才队伍的建设等。系统的人才培养不仅要注重技术技能的提升，还要加强开放科学理念的培育。人才培养的评估需要关注培训效果、人才使用情况等多个方面。

在评价实际开展过程中，评价指标框架和权重划分需要考虑不同国家、地区和机构的具体情况。评价指标框架的建立和完善是一个动态的过程，需要根据实践经验和发展需求不断调整和优化。对于发展中国家或资源有限的机构，可以适当调整指标权重，更加注重资源的高效利用和基本功能的实现。对于科研实力较强的国家和机构，则可以更加强调创新性和引领性指标的评估。这种灵活的应用方式可以使评价框架更好地服务于不同发展阶段的开放科学实践。在未来，开放科学评价框架的完善还应着力加强定量评估指标的开发，建立更多针对不同学科特点的评价指标，充分利用人工智能等新技术提高评估效率，加强国际化评价标准的建设，完善长期影响追踪机制。

依托这个多层次、多维度的评价指标框架，国家和机构能够更好地

理解和提前规划开放科学的发展路径，为建立更加开放、透明和创新的科研生态系统提供借鉴。此外，评价框架可根据具体应用场景进行适当调整和完善。例如，可针对不同类型的研究机构制定相应的评价细则，或根据不同学科领域的特点调整具体指标的权重，使评价框架能够更好地服务于开放科学相关方的实际需求，助力开放科学在不同领域和层面的深化实践。

本章小结

本章阐述了开放科学评价体系的发展历程、核心理念,并提出了一个多层次、多维度的开放科学评价框架,涵盖平台设施、科学治理、实践传播和可持续发展四个层面。

第一节重点围绕开放科学评价体系的发展经历展开,从初步关注开放获取出版物到多元化发展。早期侧重数量和影响力,如今涵盖多维度价值、研究过程开放度和跨学科合作等,未来将朝着更系统全面、技术驱动、差异化和国际化方向发展,以适应开放科学发展需求。

第二节阐述了开放科学指标体系构建过程中的核心理念,围绕透明度和问责、资源分配以及持续改进展开。透明度和问责要求评估数据共享、方法透明度和开放同行评议等方面,应对数据敏感等挑战,通过推广开放同行评审、建立公开评价平台等方式提升研究公信力;资源分配优化需全面评估项目学术影响力、社会效益和创新潜力,解决当前偏向传统高影响力期刊和大型项目的不平衡问题,促进跨学科和团队合作,确保公平有效;持续改进机制通过建立反馈体系,助力发现问题、改进实践,加强国际合作交流,推动开放科学不断优化发展。

第三节对提出的评价指标框架作了详细介绍。包含平台设施层、科学治理层、实践传播层和可持续发展层。平台设施层评估算力、数据、

代码和设施等基础要素的效能；科学治理层从政策、技术、文化和标准维度衡量治理体系；实践传播层关注研究方法创新、资源贡献、成本效益和跨学科融合效果；可持续发展层着眼于资金、政策、资源和人才对开放科学长期发展的支持。此外，在开展开放科学评价时，需结合实际灵活应用，不断完善，以推动开放科学持续发展，构建良好科研生态。通过详细阐述每个层面的具体指标，包括定量和定性指标，为政策制定和资源分配提供了科学依据。这一评价框架的建立，为推动构建开放、透明和创新的全球科研生态系统提供了理论基础和实践参考，有望在开放科学的长远发展中发挥重要作用。

结语
未来展望

我们期待开放科学事业的蓬勃发展,并发出如下倡议:

一、思想认识同频共振。 通过将开放科学融入教育体系,拓展宣传渠道和覆盖面,开展寓教于乐的活动,提升全民开放科学素养,使大家形成对开放科学理念和重要性的认识。

二、多方参与同题共答。 在公共部门主导下,积极吸纳学术界、产业界、媒体界等不同界别人群共同参与开放科学共建共享,使各界人群成为开放科学志愿者,积极贡献资源与力量。

三、规范治理同文共轨。 共同推动开放科学治理框架建设,制定人工智能时代的算力、数据、模型等的开放原则与标准,确保开放的公平性、透明性、可互操作性和可重用性。

四、资源平台同步共建。 完善开放科学基础设施,强化规模化开放获取平台和中枢网络建设,打通算力和数据孤岛,促进大模型和智能体开源,提升开放科学整体社会效能。

五、发展模式同心共向。 研究并构建合适的开放科学发展模式,建立合理、有效地开放科学实施路径,推选一批可复制、可推广的典型示范,让"盆景"变"风景"。

六、全球合作同休共戚。 深入践行构建人类命运共同体理念,推动

科技开放合作，积极融入全球创新网络，深度参与全球科技治理，同世界各国携手打造开放、公平、公正、非歧视的国际科技发展环境，让科技更好造福全人类。